거미가
궁금해?

거미가 궁금해?

—

펴낸날 | 2018년 1월 29일
지은이 | 이영보

—

펴낸이 | 조영권
만든이 | 노인향
꾸민이 | 강대현

—

펴낸곳 | **자연과생태**
주소_서울 마포구 신수로 25-32, 101(구수동)
전화_02)701-7345~6 팩스_02)701-7347
홈페이지_www.econature.co.kr
등록_제2007-000217호

—

ISBN 978-89-97429-84-4   03490

거미가 궁금해?

글·사진 이영보

자연과생태

엉뚱하고 기발한 아이들의 시선

거미와 인연을 맺은 건 20년 전입니다. 누에고치실처럼 거미줄을 이용해 의복 혁신을 일으켜 보자는 생각으로 거미줄 성분 연구를 시작했습니다. 아직 목적을 이루지는 못했지만 그동안 거미를 많이 이해했고, 우리 생활에 무척 이로운 동물이라는 것도 알았습니다. 한편으로는 사람들이 거미에 대해 깊은 오해와 편견을 가지며 꺼린다는 것도 알았습니다.

거미를 연구하는 목적도 중요했지만 거미에 대한 사람들의 인식을 바꾸는 것이 먼저라고 생각했습니다. 그래서 거미가 위험하거나 불결하지 않으며 이로운 동물이라는 것을 알리는 자칭 '거미 홍보대사'가 되기로 마음먹었습니다.

우선 일하고 있는 농진청에서 생태학교를 운영했습니다. 그 일은 10년간 이어졌으며 2,500여 명이 참가했습니다. 더불어 한국과학창의재단 홍보대사로 활동하며 3,200여 명에게 곤충과 거미에 관해 교육했고, 지금은 여러 지방자치단체를 대상으로 거미 관련 강의와 체험학습을 진행합니다.

특히 아이들에게 거미를 알려 주는 일은 신선했습니다. 거미를 바라보는 시선이 착했고 봇물 터지듯 질문도 쏟아졌습니다. 가끔은 질문이 하도 엉뚱해 당황하기도 하고 어떨 때는 하도 기발해 감탄하기도 했습니다.

아이들이 궁금증을 쏟아 내고 그에 정성껏 답하면서 이런 과정이 거미를 친근하게 여기게 하려는 제 목적을 자연스럽고 빠르게 이루어 준다는 것을 알게 되었습니다. 그래서 전달하고자 했던 정보나 거미에 대한 오해와 편견을 버리자는 주장보다 아이들의 질문과 의견을 듣고 그에 답해 주는 데 더 시간과 정성을 기울였습니다.

그동안 아이들에게 받은 질문과 제가 답한 내용을 추려 정리해 보았습니다. 여러분께서도 질문과 답을 읽으며 자연스럽게 거미 생활을 이해하고 거미에 대한 막연한 두려움, 오해와 편견을 거둬들이시길 바랍니다.

그동안 많은 질문을 제게 던지며 즐겁게 거미를 공부했던 어린 친구들에게 고맙다는 말을 전합니다.

2018년 1월

이 영 보

머리말 4

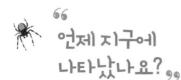

언제 지구에 나타났나요?

　　지금까지 알려진 거미 화석 중 가장 오래된 것은 미국 뉴욕 길보아에서 나온 아테르코푸스 핌브리영유스*Attercopus fimbriungus*입니다. 약 4억 년 전인 고생대 데본기 때 화석이지만 이것이 실제로 가장 오래된 거미라고 할 수는 없습니다. 거미는 피부가 부드러워서 화석으로 남은 수가 매우 적기 때문입니다.

　　여러 과학자의 주장을 종합하면 거미의 원시 조상은 4억 년 이전에 나타났으며, 그 기원은 5~6억 년 전 고생대 캄브리아기와 오르도비스기에 번성했던 삼엽충입니다.

　　최근 스위스 바젤 대학의 사우엘 초케 교수는 발트 해 연안에서 발견한 호박(나무진 화석) 속 거미줄이 이때까지 가장 오래된 것으로 알려진 거미줄보다 1억 3,000만 년이나 앞선다는 사실을 밝혔습니다. 한편 우리나라에서는 경남 사천 구호리 진주층에서 발견한 약 1억 년 전 거미 화석이 가장 오래되었습니다.

고생대 삼엽충 안탈루시아(모로코)

중생대 거미 화석

호박 속에 들어 있는 거미

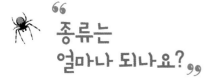

종류는
얼마나 되나요?

　　전 세계 거미목록NMBE에 따르면 지금까지 발견한 거미는 모두 45,313종입니다. 그중 깡충거미과가 5,807종으로 가장 많고 그 다음으로 접시거미과 4,545종, 왕거미과 3,092종으로 이 3과가 전체 종수의 29.6%에 이릅니다.

　　우리나라에 사는 거미는 모두 46과 726종(김 등, 2010)이며 꼬마거미과가 80종으로 가장 많고 그 다음으로 왕거미과와 깡충거미과가 각 73종으로 이 3과가 약 31%를 차지합니다.

　　환경부(2005)가 『한국고유종생물종도감』에서 발표한 토종 거미는 모두 108종으로 우리나라 전체 종수의 14.9%에 해당합니다. 주요 종은 남해잔나비거미, 대구꼬마거미, 대구백신거미, 관악유령거미, 한국농발거미, 한국괭이거미, 한국늑대거미이며 채집지명이나 한국 또는 고려라는 이름을 붙인 종이 많습니다.

땅 위를 돌아다니는 청띠깡충거미.
전 세계 거미 중에서 깡충거미류가 제일 많다.

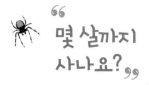

몇 살까지 사나요?

프랑스 학자 보네(Bonnet, 1935)는 거미 생활 주기에 따라 수명을 1년 미만, 1~1년 반, 2~3년, 3년 이상으로 구분했습니다.

첫째, 1년 미만에는 정주성 거미가 속하며 대표 종은 무당거미입니다. 무당거미 암컷은 늦가을(10~11월 초)에 알을 낳고 죽지만 이듬해 봄(5월)에 알에서 새끼들이 깨어나고 여름 무렵이면 성숙합니다.

둘째, 1~1년 반을 사는 거미에는 닷거미과나 늑대거미과가 있습니다. 봄 또는 여름에 알을 낳으며 1~5주 뒤에 새끼들이 깨어납니다. 어느 정도 자란 상태로 겨울을 난 뒤 이듬해 봄에 완전히 성숙해 다시 알을 낳습니다.

셋째, 2~3년을 사는 거미로는 가게거미과, 유령거미과, 꼬마거미과에 속한 몇 종이 알려졌으나 많은 종이 이 정도 수명에 속할 것으로 봅니다.

넷째, 3년 이상 사는 거미로는 진화 단계가 낮은 원실젖거미류인 땅거미과 종이 있습니다. 타란툴라 중에는 25년이나 산 경우도 있습니다.

1년 1세대 주기로 사는 무당거미(암컷)

산유령거미 암컷.
알집을 물고 다니며 보호한다.

타란툴라 종류인 로즈헤어

왜 거미라고
부르나요?

　　'거미'라는 말은 '검다'에서 왔습니다. 15세기에 '검다'라는 형용사 어근 '검'에 명사형 접미사 '-의'를 붙여 '거믜'라고 부르다가 거미가 되었습니다. 아마도 옛사람들 눈에 자주 띄던 거미가 검었기에 '검다'에서 유래했을 텐데, 그 거미는 산왕거미가 아닐까 추측합니다. 잘 움직이지 않는 정주성 거미로 색깔도 어둡고 제법 크며 집이나 정자 주변에 거미그물을 만들고 지내기 때문입니다.

마을에서 많이 보이는 산왕거미

다른 나라 말로는 거미를 어떻게 부르는지도 살펴보겠습니다. 중국어 찌쭈蜘蛛, 일본어 쿠모クモ, 영어 스파이더spider, 덴마크어 스필라spider, 스웨덴어 스필리데르spider, 이탈리아어 스파이더르spider, 그리스어 아라크닉αράχνη, 독일어 스핀네spinne, 네덜란드어 스핀spin, 러시아어 파오까паук, 루마니아어 팔란진paianjen, 인도네시아어 라밥 라밥labah-labah, 베트남어 넵nhện, 스페인어 아라냐arańa, 슬로바키아어 빠브크pavouk, 알바니아어 메리만거merimangë, 체코어 파블룩pavouk, 태국어 넹무แมงมุม, 터키어 으름젝키örümcek, 포르투갈어 아란하aranha, 폴란드어 파용크pajık, 프랑스어 아레니에araignée, 핀란드어 하마하키hämähäkki, 헝가리어 볼록pók입니다.

“곤충이 아닌가요?”

　　오래전으로 거슬러 올라가면 거미와 곤충은 조상이 같습니다. 그러나 지금은 절지동물문에 속한 별개 무리(강)로 나눕니다. 절지동물문에는 곤충강, 갑각강, 다지강, 거미강 같은 여러 무리가 있습니다. 여기에서 거미강은 다시 거미목, 응애목, 앉은뱅이목, 통거미목, 전갈목으로 구분합니다. 우리가 보통 거미라고 부르는 것은 절지동물문 거미강 거미목에 속하는 종을 가리킵니다.

　곤충 몸은 머리, 가슴, 배 세 부분으로 나뉘는데, 거미는 머리와 가슴이 합쳐져서 머리가슴과 배 두 부분으로 나뉩니다. 곤충은 더듬이가 2개이지만 거미는 더듬이다리가 2개 있으며, 곤충은 다리가 6개이지만 거미는 8개입니다. 곤충은 날개가 있지만 거미는 날개가 없습니다. 또한 곤충 눈은 홑눈과 겹눈으로 이루어졌지만 거미는 홑눈만 있습니다. 말벌이나 꿀벌처럼 독성을 지닌 곤충은 독샘이 배 끝에 있지만 거미는 머리가슴부 앞에 독샘이 있고 엄니와 연결됩니다.

　곤충은 알-애벌레-번데기-어른벌레 단계를 거치는 완전탈바꿈을 하는 종과 알-애벌레(또는 약충)-어른벌레 단계를 거치는 불완전탈바꿈을 하는 종이 있는데, 거미는 알에서 깨어난 뒤 허물만 벗으면서 어른이 됩니다.

20

구분	곤충	거미	기다
종수	약 14,188종	약 726종	우리나라 기준
몸	머리, 가슴, 배	머리가슴, 배	
더듬이	1쌍	없음	더듬이다리 2개
다리	3쌍	4쌍	
날개	대부분 있음	없음	거미(유사비행)
실젖	일부 무리에서 애벌레 시기만	발달	
탈바꿈	완전, 불완전	허물벗기만	
독샘	배 끝	위턱 엄니	곤충(벌)
눈	홑눈(2~3개), 겹눈	홑눈(0, 1, 2, 4, 6, 8)	

거미강(아기늪서성거미)

곤충강(광대노린재)

다지강(왕지네)

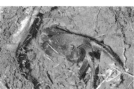

갑각강(도둑게)

거미목(밤색스라소니거미)

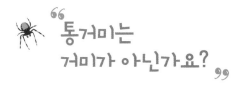

통거미는 거미가 아닌가요?

'장님거미'라고도 불리는 통거미는 거미강 통거미목에 속합니다. 우리가 흔히 말하는 '거미'는 거미강 거미목에 속하는 동물이니 거미와 통거미는 다른 무리입니다. 둘의 큰 차이점은 거미는 머리가슴과 배가 떨어져 있고 배자루로 연결된 반면, 통거미는 머리가슴과 배의 연결 부위가 뚜렷하지 않아 마치 통으로 보입니다. 또한 통거미는 거미와 달리 눈이 없거나 1쌍 있으며, 실젖이 없어 줄을 칠 수 없고 독샘도 없습니다.

통거미류

통거미는 눈이 거의 퇴화해 잘 볼 수 없습니다. 마치 장님이 지팡이를 더듬듯 긴 다리를 움직여 길을 찾는다고 해서 장님거미로도 불립니다. 전 세계에는 7,000여 종, 우리나라에는 약 18종이 알려졌습니다. 대부분이 야행성이며 습기가 많은 산림이나 동굴에 살고 곤충 사체, 식물 조각, 꽃가루, 버섯 등을 먹습니다.

구분	거미목	통거미목
종수	약 726종	약 18종
몸(체절)	머리가슴, 배	머리가슴·배
다리	4쌍	4쌍
날개	없음	없음
실젖	발달	없음
탈바꿈	허물벗기만	허물벗기만
독샘	위턱의 엄니	없음. 악취 생산 기관(분비샘)
눈	홑눈(0, 1, 2, 4, 6, 8)	홑눈(0, 2)

통거미 몸통 SEM ×55

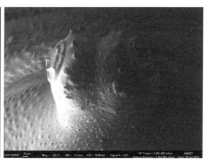

통거미 머리 부위 SEM ×362

" 암컷과 수컷을
어떻게 구별하나요? "

성체나 아성체가 되기 전까지 암수 구별이 어렵습니다. 성체가 된 뒤에는 더듬이다리를 보고 판단할 수 있습니다.

암컷 더듬이다리는 다리에 비해 짧을 뿐 모양은 다리와 비슷하게 밋밋합니다. 그리고 종에 따라 발끝마디에 발톱이 1개 있거나 없습니다. 반면 수컷 더듬이다리는 발끝마디가 권투 글러브처럼 부풀고 마지막 허물벗기를 끝내면 복잡한 더듬이다리 기관이 만들어집니다.

보통은 이처럼 더듬이다리를 보고 암수를 구별하지만 무당거미, 긴호랑거미, 호랑거미처럼 크기 차이로 암수를 구별할 수 있는 종도 있습니다. 또 가시거미나 울도먼지거미처럼 암수 생김새가 전혀 달라서 바로 구별할 수 있는 종도 있습니다.

참고로 거미 다리 8개는 모두 7마디(밑마디-도래마디-넓적다리마디-무릎마

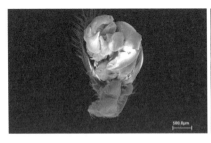

산왕거미 수컷 생식기 SEM ×50

산왕거미 암컷 생식기 SEM ×63

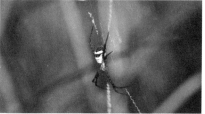

꼬마호랑거미 수컷   꼬마호랑거미 암컷

디-종아리마디-발바닥마디-발끝마디)로 이루어지지만, 더듬이다리는 6마디(밑
마디-도래마디-넓적다리마디-무릎마디-종아리마디-발끝마디)로 이루어집니다. 즉
더듬이다리에는 발바닥마디가 없습니다.

구분	첫째 마디	둘째 마디	셋째 마디	넷째 마디	다섯째 마디	여섯째 마디	일곱째 마디
다리	밑마디	도래마디	넓적다리 마디	무릎마디	종아리 마디	발바닥 마디	발끝마디
더듬이 다리	밑마디 (아래턱을 구성함)	도래마디	넓적다리 마디	무릎마디	종아리 마디	–	발끝마디

종아리마디

무릎마디

넓적다리마디

도래마디

500.0㎛

발끝마디   밑마디

무당거미 암컷 더듬이다리

밑마디

도래마디

넓적다리마디
무릎마디
종아리마디

발끝마디   발바닥마디

갑옷도토리거미 다리

거미가 궁금해? 25

암컷과 수컷 중에 누가 더 큰가요?

     우리나라에 사는 거미는 대부분 암컷이 수컷보다 크거나 둘이 비슷합니다. 우리나라 거미를 크기별로 나눌 때 2㎜ 이하를 극소형 종, 2~10㎜를 소형 종, 10~20㎜를 중형 종, 20㎜ 이상을 대형 종으로 구분할 수 있습니다.

  2㎜ 이하인 극소형 종은 갑옷도토리거미, 꼬마접시거미, 알망거미, 깨알거미 등이 있습니다. 암컷 가운에 20㎜가 넘는 대형 종은 호랑거미, 산왕거미, 황닷거미, 무당거미, 농발거미, 꼬리거미 등이 있고, 이 중 산왕거미, 황닷거미, 농발거미, 꼬리거미 수컷은 15~20㎜에 이릅니다. 대형 종 가운데 암컷과 수컷 크기 차이가 가장 큰 종은 무당거미로 암컷 몸길이는 25~30㎜이지만, 수컷은 암컷의 1/3 정도인 6~10㎜입니다.

구분	암컷(㎜)	수컷(㎜)
갑옷도토리거미	1.3~1.5	1.3~1.5
꼬마접시거미	1.6~2.3	1.6~2.3
알망거미	1.8~2.3	1.4~1.7
깨알거미	1.0~1.2	0.7~1.0

26

구분	암컷(mm)	수컷(mm)
호랑거미	20~25	5~8
산왕거미	20~30	15~20
황닷거미	20~28	14~20
농발거미	25~30	15~20
꼬리거미	25~30	15~20
무당거미	25~30	6~10

무당거미 암컷(왼쪽)과 수컷(오른쪽)

말꼬마거미 암컷(오른쪽)과 수컷(왼쪽)

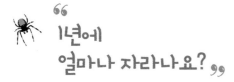

　　종과 암수, 먹이 섭취 여부, 주변 환경 조건에 따라서 몸길이는 달라지기에 평균을 내기는 어렵습니다. 다만 제가 집 주변과 공원에서 흔히 보이는 무당거미 암수의 몸길이를 측정한 결과는 다음과 같습니다(알에서 깨어나는 5월부터 다 자라 알을 낳기 전인 10월 초까지 100마리를 측정했습니다).

　　5월 31일에는 1.65㎜, 7월 7일 5.83㎜, 8월 7일 9.84㎜였습니다. 눈으로도 암컷과 수컷이 분명히 구별되는 9월 7일에는 수컷 6.75㎜, 암컷 16.77㎜로 수컷보다 암컷이 2.5배 정도 컸습니다. 그 뒤 10월 10일 수컷 5.24㎜일 때, 암컷은 18.93㎜로 수컷보다 3.61배 정도 컸습니다. 무당거미 수컷이 9월보다 짝짓기 시기인 10월에 작아진 이유는 아마도 짝짓기 경쟁으로 체력을 많이 소모해서인 듯합니다.

　　한편 10월 중하순, 알을 낳기 전인 암컷은 한 달 사이에 몸길이가 2.16㎜나 늘었습니다. 아마도 알을 낳으려고 최대한 많이 영양분을 섭취해서인 듯합니다.

날짜	암컷(mm)	수컷(mm)
5.31	1.6±0.2	
7.7	5.8±1.7	
8.7	9.8±2.8	
9.7	16.8±3.1	6.8±1.2
10.10	19.2±3.5	5.3±0.6

암컷(아래쪽)과 짝짓기할 순간을
엿보는 수컷(위쪽)

" 허물을 어떻게 벗나요? "

거미는 곤충처럼 탈바꿈하지 않고 알에서 깨어난 새끼가 허물을 벗으면서 성체가 됩니다.

허물벗기 방법은 두 가지가 있습니다. 첫 번째는 거미그물 허브에서 아래로 안전실을 내려 매달린 뒤 허물을 벗는 방법으로 왕거미과, 갈거미과, 접시거미과, 게거미과, 꼬마거미과, 농발거미과, 스라소니거미과 등이 이런 방법을 씁니다. 두 번째는 은신처나 편평한 장소에 누워 허물을 벗는 방법으로 땅거미과, 비탈거미과, 가죽거미과, 가게거미과, 굴뚝거미과, 깡충거미과, 염낭거미과 등이 이런 방법을 씁니다.

모든 거미가 허물을 벗기 전에 먹이를 끊습니다. 이 시기가 되면 눈에 띄게 동작이 느려지고 몸 색깔이 흐려집니다. 허물을 벗을 때는 먼저 다리를 길게 뻗습니다. 머리가슴 쪽의 키틴판에 금이 가면서 서서히 허물이 벗겨지고, 머리가슴이 먼저 나오고 그 다음으로 배가 벗겨지며, 더듬이다리가 나온 뒤 마지막으로 긴 다리 8개가 서서히 빠져 나옵니다.

허물을 벗는 데는 보통 30~60분이 걸리지만 종이나 같은 종이라도 성숙 정도에 따라 다릅니다. 몸이 작은 종보다는 큰 종이, 수컷보다는 몸이 큰 암컷이 허물을 더 많이 벗습니다.

산왕거미 허물

산왕거미와 벗어 놓은 허물

허물을 벗는 닷거미류

수컷은 암컷에게 어떻게 구애하나요? 💬

    종에 따라 1회에서 10회까지 허물을 벗고 완전히 성숙해야 짝짓기를 할 수 있는 기관이 만들어집니다. 종마다 특별한 방법으로 구애행동을 하며 크게 눈치보기형, 춤추기형, 선물공세형, 포박형 4가지로 구분할 수 있습니다.

    눈치보기형의 대표 주자는 무당거미와 호랑거미입니다. 수컷은 암컷에 비해 크기가 매우 작아서 섣불리 암컷에게 접근했다가는 먹잇감 신세가 될 수 있습니다. 그래서 암컷 행동에 반응하며 조심스럽게 접근해야 짝짓기에 성공할 수 있습니다.

    무당거미 수컷은 암컷이 마지막으로 허물을 벗기 전에 분비하는 페로몬에 이끌려 암컷 거미그물에서 더부살이를 하다가 암컷이 성숙하면 비로소 짝짓기를 시도합니다. 거미그물을 당기며 서서히 암컷에게 접근합니다. 암컷이 굶주렸을 때보다는 먹이를 먹고 있거나 먹고 나서 배가 부를 때 짝짓기를 시도하는 것이 안전합니다. 자기 다리 일부를 떼어 주거나 암컷이 마지막 허물벗기를 할 때 다가가 짝짓기를 시도하기도 합니다.

춤추기형은 주로 배회성 거미인 깡충거미과, 늑대거미과, 스라소니거미과에서 보입니다. 수컷은 암컷 앞에서 마치 춤을 추듯이 몸을 좌우로, 지그재그로 움직이거나 앞다리를 위아래로 올립니다. 이렇게 해서 암컷의 마음을 얻어야만 짝짓기할 수 있습니다.

선물공세형은 닷거미과나 서성거미과에서 볼 수 있습니다. 잡은 먹잇감을 싸개띠로 둘둘 포장해 암컷에게 선물하는데 암컷이 선물을 마음에 들어 하지 않으면 짝짓기를 할 수 없습니다. 암컷이 먹잇감을 받아들이면 수컷은 암컷이 먹이를 먹는 동안에 짝짓기를 시도합니다.

간단한 거미줄로 암컷을 포박한 뒤 짝짓기를 시도하는 금새우게거미 수컷

포박형은 금새우게거미를 비롯한 새우게거미과와 게거미과에서 보입니다. 수컷이 암컷 주위를 맴돌다가 기회가 생기면 간단한 거미줄로 암컷을 포박한 뒤 암컷 배 밑으로 들어가 짝짓기합니다. 크기가 작은 수컷이 암컷을 포박할 수 있는 것은 암컷이 허락했기 때문이라고 생각합니다. 또한 살받이게거미나 오각게거미처럼 수컷이 아직 미성숙한 암컷 배에 매달려 있다가 성숙하면 바로 배 밑으로 내려가 짝짓기하는 경우도 있습니다.

　수컷은 구애를 하기 전에 반드시 더듬이다리에 정액을 채워야 합니다. 다른 동물의 수컷과 달리 삽입기가 없기 때문에 더듬이다리가 삽입기 역할을 합니다. 수컷은 작은 정액그물을 만들고 배 밑에 있는 생식문에서 정액을 정액그물 위로 밀어냅니다. 이를 더듬이다리의 저정낭 속으로 빨아들여 보관했다가 짝짓기할 때 암컷 생식기로 집어넣습니다.

사람 피는 액체 상태인 혈장, 적혈구, 백혈구, 혈소판 등으로 이루어졌습니다. 피는 폐로 들어온 공기에서 산소를 흡수하고, 인체 조직에서 운반된 이산화탄소를 배출합니다. 또 신장에서는 과다한 물과 노폐물을 제거하고, 음식물에서 장으로 흡수된 영양 물질이 피로 유입되어 각 기관으로 전달됩니다.

    산소와 이산화탄소를 운반하는 역할은 적혈구 속에 있는 헤모글로빈hemoglobin이 담당합니다. 헤모글로빈은 헤모hemo, 철분와 글로빈globin, 단백질이 결합된 말로 철분이 산소와 결합해 산소를 온몸의 조직세포로 운반할

거미 피(위쪽)와 사람 피(아래쪽)

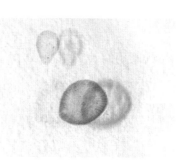

말꼬마거미 피

때(산화 상태일 때 피는 선홍색)와 이산화탄소를 운반할 때(환원 상태일 때 피는 암적색) 붉은색을 띠어 피가 전체적으로 붉어집니다.

사람 피는 반드시 혈관을 통해 흐르기 때문에 사람의 순환계를 폐쇄 혈관계(폐쇄순환계)라고 합니다. 피가 혈관 안에 갇혀 순환한다는 뜻입니다. 그러나 거미의 순환계는 허파, 피, 혈관 등으로 구성되며, 피가 혈관 밖, 몸 안쪽 내부 기관을 둘러싸기 때문에 개방혈관계(개방순환계)라고 합니다.

거미는 사람과 달리 헤모시아닌이라는 색소단백질이 산소를 운반합니다. 산화된 헤모시아닌은 사람 피와 같은 철 성분이 아닌 구리 성분이기 때문에 푸른색을 띠지만 환원된 색은 무색이나 맑은 갈색이기에 거미 피는 빨갛지 않습니다.

" 눈이 좋나요? "

거미 눈은 머리가슴부 앞쪽에 있으며, 모두 홑눈이어서 상이 한 점에 모이지 않아 선명하게 보지 못합니다. 특히 거미그물을 만들어 먹이를 잡는 정주성 거미는 눈이 거의 퇴화해 앞을 볼 수 없습니다. 그 대신에 발끝마디 기관을 거미줄에 연결해서 진동으로 거미그물에 먹이가 걸렸는지 수컷이 짝짓기하려고 접근하는 것인지 정보를 파악합니다. 반면배회성 거미는 정주성 거미보다는 시력이 좀 더 좋아서 30㎝ 거리에서도 뛰어 먹잇감을 잡습니다.

그리고 종에 따라 눈 개수가 달라 퇴화해 흔적만 남은 것, 2개, 4개, 6개, 8개로 나뉩니다. 우리가 흔히 보는 거미는 대부분 눈이 8개이고 알거미과, 공주거미과, 유령거미과, 잔나비거미과, 실거미, 가죽거미과는 6개, 손짓거미는 4개입니다. 부채거미는 8개이지만 앞옆눈 2개는 퇴화해 흔적만 보입니다.

눈이 6개인 거미라도 과에 따라 눈 위치가 다르며 이는 종을 구별하는 분류키로 이용합니다. 유령거미과는 홑눈이 3개씩 묶여 2그룹으로 나뉘며, 잔나비거미과는 눈이 2개씩 묶여 앞에 2그룹(2개+2개) 뒤에 1그룹(2개)이 있습니다. 알거미과는 눈이 2개씩 묶여 가깝게 모인 반면, 가죽거미과나 실거미과는 2개씩 묶인 눈 3그룹이 멀리 떨어져 있습니다.

매사추세츠 대학 스카이 롱과 동료 연구원들이 실험한 결과에 따르면 깡충거미 눈 8개 가운데 정면에 있는 자동차 헤드라이트처럼 큰 눈 2개는 사물 모양을 세부적으로 알아보는 데 쓰이고, 그 양 옆에 있는 나머지 눈 6개는 어떤 사물이나 물체의 움직임을 감지하며 360도를 다 볼 수 있다고 합니다.

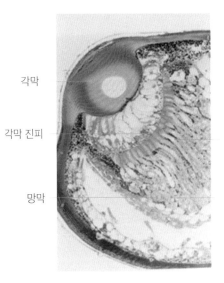

각막

각막 진피

간상체

망막

핵부

한국땅거미 눈 단면(TEM)
(권중균 박사 제공)

뒷옆눈

앞옆눈

뒷가운데

앞가운데

산왕거미 암컷 눈 SEM ×66

손짓거미 눈(4개) SEM ×200

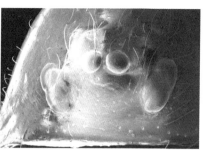

공주거미 눈(6개) SEM ×200

무당거미 눈(8개) SEM ×200

낮표스라소니거미 수컷

검은날개무늬깡충거미 암컷

황닷거미

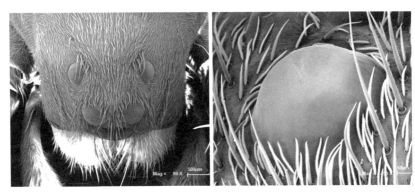

닷거미과 홑눈 SEM ×90   닷거미과 홑눈 SEM ×450

비교적 시력이 좋은
깡충거미류

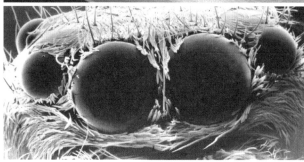

흰수염깡충거미 눈
(주필박물관 제공)

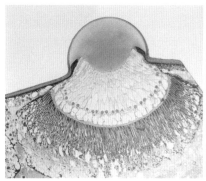

흰수염깡충거미 시각기 구조(권중균 박사 제공)

앞가운데 눈 2개가 유난히 큰 흰눈썹깡충거미

소리로 단순한 의사소통은 하지만 초음파로 측정해야만 들릴 정도여서 우리는 들을 수 없습니다. 보통 영역이나 먹이, 암컷을 두고 경쟁할 때 작은 소리를 냅니다. 늑대거미과 한 종은 짝짓기 기간에 마찰음을 내거나 충격으로 진동을 일으키며, 마찰음은 더듬이다리와 종아리마디 연결 부위에서 난다고 합니다.

거미는 사람처럼 청각기관 하나로만 듣는 것이 아니라 귀털이나 금형기관으로도 듣습니다. 다리와 더듬이다리에 퍼진 귀털은 가시털이나 센털에 비해 길고 부드러우며 거의 수직으로 돋아납니다. 금형기관은 몸의 각 부분, 특히 머리가슴 아랫면에 있는 가슴판, 다리 각 마디의 관절과 위턱에 넓게 퍼져 있습니다.

금형기관은 연속적으로 틈이 있는 모양으로 길게 늘어선 밭의 이랑과 고랑 같습니다. 고랑처럼 패인 부분에 있는 작은 구멍(지름 약 652㎛)들로 소리를 듣습니다.

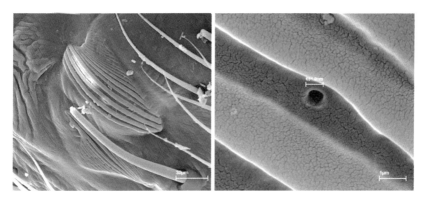

청각 역할을 하는 무당거미 금형기관 SEM ×1,210, SEM ×30,000

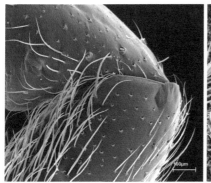

무당거미 더듬이다리와 종아리마디 연결 부위
SEM ×255

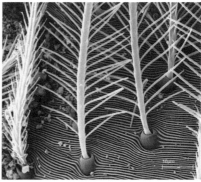

늑대거미과 한 종의 털 SEM ×3,500

이빨이 있나요?

    거미 입은 위턱, 아래턱, 윗입술로 이루어지며, 위턱과 연결된 엄니(독이빨)가 있습니다. 엄니 끝에는 작은 구멍이 있고, 이곳으로 먹이에게 독을 주입해 기절시킵니다. 그 다음에는 소화 분비액을 주입해 먹이 몸속이 액체 상태가 되면 마치 주스를 마시듯 빨아들입니다. 이와 같이 먹이 몸속에서 일부가 먼저 소화되는 것을 예비소화라고 합니다.

    무당거미 암컷이 날개띠좀잠자리 1마리를 예비소화하고 빨아 먹는 데 걸리는 시간을 재어 보니 2시간 2분 26초가 걸렸습니다. 거미는 다 먹고 나서 남은 찌꺼기(소화되지 않은 불포화 덩어리)를 입으로 물어 자르기도 하고 거미그물에 붙여 은폐물로 이용하기도 합니다.

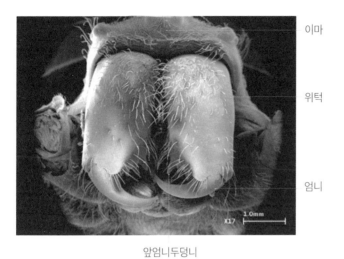

이마

위턱

엄니

앞엄니두덩니

산왕거미 암컷 SEM x17

예비 소화된 잠자리를 먹는 산왕거미 암컷

거미 입은 음식물을 씹어 먹는 구조가 아니라 먹이를 빨아 먹는 구조여서 침을 뱉을 수 없습니다. 다만 아롱가죽거미는 마치 침을 뱉듯 양쪽 엄니에서 끈끈한 물질을 지그재그로 뱉어 먹이를 잡습니다. 아롱가죽거미 눈 밑에는 근육이 있고 그 아래에 독샘이 있으며, 이 독샘은 점액성 물질을 생성하는 기관 glue silk 으로 이어집니다.

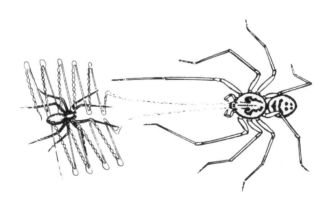

가죽거미속의 침 뱉기와 사냥 장면(Bristowe, 1958)

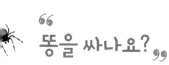

" 똥을 싸나요? "

　물론 거미도 똥을 쌉니다. 다만 하루 또는 평생 얼마만큼 똥을 싸는지는 밝혀지지 않았습니다. 거미 똥은 주로 거미를 채집해서 작은 관이나 병에 담았다가 꺼내 놓을 때 볼 수 있습니다. 아마도 작은 곳에 오랫동안 갇혀 있으면서 스트레스를 받아 생기는 생리현상 같습니다.

　거미 배설물 양을 측정해 보지는 못했지만 똥 길이를 잰 적은 있습니다. 산길깡충거미 암컷 똥으로 길이가 2㎜ 내외였습니다. 색깔은 맑은 우윳빛이었으며 옅은 검은색 혼합물이 드문드문 보였습니다.

산길깡충거미

산길깡충거미 똥

먹닷거미 똥

먹닷거미 똥 측정(2.93㎜)

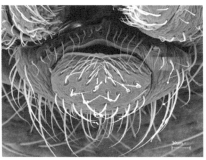

무당거미 항문 SEM ×784

발톱이 있나요?

정주성 거미는 3개, 배회성 거미는 2개 있습니다. 정주성 거미나 배회성 거미 모두 윗발톱 1쌍(2개)이 있고, 정주성 거미는 여기에 아래발톱이 1개 더 있습니다.

윗발톱은 머리빗 모양이며 빗살처럼 이빨이 나 있습니다. 이것을 윗발톱 빗살니라고 하며 종에 따라 없거나 1줄 또는 2줄로 나기도 합니다. 정주성 거미인 지이어리왕거미는 윗발톱 빗살니가 10개 있습니다. 배회성 거미인 어리수검은깡충거미는 빗살니가 15개 이상 있으며, 그 아래에 끝털다발이 수십에서 수백 개 있습니다.

배회성 거미는 아래발톱이 없지만 수많은 끝털다발로 마찰력을 올려 매끄러운 급경사도 잘 오를 수 있습니다.

윗발톱
윗발톱빗살니

아래발톱
톱니 모양 센털

무당거미 암컷 발톱

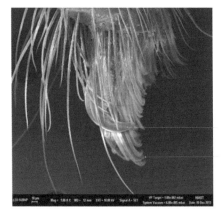

윗발톱

끝털다발

어리수검은깡충거미 발톱과 끝털다발 SEM ×1,000

긴호랑거미 발톱 SEM ×1,000

어리수검은깡충거미 발톱 SEM ×1,000

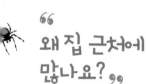

거미가 사는 곳은 물속, 땅 위, 동굴, 풀밭, 나무, 건물 등 매우 넓습니다. 그래서 집 주변에서도 여러 종을 볼 수 있습니다. 집 주변에 사는 대표 종으로는 집왕거미, 말꼬마거미, 한국깔때기거미, 마른깡충거미류, 아롱가죽거미, 농발거미가 있습니다.

집왕거미는 상가나 아파트 계단, 창고 등에 살고, 말꼬마거미는 집안, 사무실, 집의 처마 밑, 심지어는 엘리베이터 안에도 삽니다. 마른깡충거미류는 건물 벽을 오르내리며 먹이를 사냥하고, 한국깔때기거미는 창고, 외양간처럼 조금 습한 곳에, 아롱가죽거미는 창고, 마루 밑 같은 어두운 곳에 삽니다. 농발거미는 건물 내부 벽면을 오르내리며 곤충을 잡아먹습니다.

집 주변에 여러 거미가 사는 까닭은 파리나 모기, 나방처럼 불빛에 이끌려 날아든 곤충을 잡아먹으려는 것입니다. 집안 소파나 장롱 밑에 사는 농발거미나 벽을 오르내리는 아롱가죽거미도 집안으로 들어온 곤충을 잡아먹습니다.

불빛에 모이는 여러 곤충

집파리를 사냥한 검은날개무늬깡충거미

무엇을 무서워하나요?

　알일 때는 검정알벌, 맵시벌, 쇠파리, 기생파리, 사마귀붙이 같은 곤충 때문에 위험합니다. 이런 곤충은 거미 알이나 알집에 알을 낳고 여기서 나온 새끼는 거미 알을 먹으며 자랍니다.

　이 시기에 살아남더라도 거미에게는 곧 두 번째 위험이 닥칩니다. 먹이를 두고 경쟁하는 일을 피하려고 유사비행으로 바람을 타고 날아가지만 운명을 바람 방향에 맡길 수밖에 없습니다. 다행히 육지에 떨어지면 살 수 있지만 강이나 호수, 바다에 떨어지면 죽을 확률이 높습니다.

　무사히 땅에 정착한 거미는 영역을 지키고 거미그물을 만들면서 삶의 터전을 잡아 갑니다. 하지만 주변에는 거미를 노리는 천적이 많습니다. 그중에서도 거미를 가장 위협하는 천적은 새입니다. 새가 새끼에게 먹이는 먹이에서 거미가 차지하는 비율은 12%이며(원 등, 1964, 1969), 새가 먹이로 삼는 거미는 17과 85종입니다. 새끼 먹이로 거미를 가장 많이 사냥하는 새는 곤줄박이로 전체 먹이에서 27.7%가 거미였다고 합니다(백, 1967).

　직박구리가 산왕거미를 사냥하는 장면을 본 적이 있습니다. 직박구리

다리를 손질하는 애사마귀붙이류

대모벌에게 잡힌 적갈어리왕거미

개미에게 끌려가는 꼬마거미류

산왕거미를 사냥하는 직박구리
(여수MBC 송민교 PD 제공)

는 나무에 앉아서 산왕거미를 지켜보다가 산왕거미가 거미그물 한가운데에 머무르자 곧바로 날아가 정지비행을 하면서 산왕거미를 콕 찍듯 물고 날아갔습니다. 너무도 순식간에 일어난 일이라 산왕거미는 별다른 저항도 못했습니다.

벌 중에서는 대모벌과 구멍벌이 새끼에게 먹이려고 거미를 사냥합니다. 대모벌은 땅 위를 낮게 날면서 풀잎 위, 풀 사이, 바위 밑이나 돌 틈에서 거미를 찾습니다. 거미를 발견하면 독침으로 거미 몸에 독액을 주입해 마취시킵니다. 그리고는 거미 다리를 입으로 물어 잘라 낸 다음에 끌고 가거나 물고 날아갑니다. 끌거나 날 때 거추장스럽고, 알 낳을 장소인 땅속으로 물고 들어갈 때 작은 입구를 잘 통과하려는 것입니다. 마취된 거미는 운동신경만 마비된 상태이기 때문에 알에서 깨어난 대모벌 새끼들은 신선한 상태인 거미를 먹게 됩니다.

이 외에도 개구리, 뱀, 도마뱀, 지네, 그리마 등이 거미를 잡아먹습니다. 또한 거미 몸에 기생하는 기생파리, 기생벌, 곰팡이, 응애, 선충, 박테리아, 거미 동충하초도 무섭습니다. 심지어 해방거미 무리처럼 다른 거미를 잡아먹는 종도 있으니 조심해야 합니다.

여기서 끝이 아닙니다. 거미는 평생 한 번에서 열 번 가량 허물벗기를 하는데 이때도 삶과 죽음을 오갑니다. 허물벗기에 실패하면 죽을 수밖에 없습니다.

천연기념물 거미도 있나요?

　　거미 중에는 천연기념물이 없습니다. 다만 경기 연천 전곡 은대리 693-18번지 물거미 서식처를 천연기념물로 보호하고 있습니다. 물거미는 굴뚝거미과에 속하며 우리나라에 단 1속 1종만이 있는 희귀종입니다.

　　물거미는 옛날에 물속에서 생활하다가 육지로 진출한 뒤, 다시 물속으로 돌아간 대표 역진화 동물로 학술적 가치가 매우 큽니다.

안내도

물거미 서식지

56

" 거미 몸에도
연가시가 있나요? ""

　연가시는 유선형동물문에 속하며 우리나라에는 연가시, 가는줄연가시, 털연가시, 오디흑연가시, 긴털흑연가시 5종이 있습니다.

　선충을 닮았으며 실 모양이어서 유선형동물이라고 부릅니다. 네마토모파Nematomorpha라는 영어 명칭 역시 그리스어인 nēmatōs실 + morphē모양에서 왔습니다. 몸은 좌우 대칭이며 가늘고 길며 몸길이는 5~90cm입니다. 체절은 없으며 체벽은 큐티클층으로 이루어졌고 배설, 순환, 호흡기관이 따로 없으며, 암수딴몸입니다.

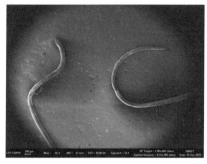

곤충살이긴선충 SEM ×50

곤충살이긴선충 머리 SEM ×300배

유생은 주로 갈색여치, 사마귀, 귀뚜라미, 딱정벌레, 지네, 노래기, 거머리에 기생하며 숙주의 양분을 빼앗아 먹고삽니다. 성체가 되면 숙주 몸에서 빠져나와 물속에서 생활하다 짝짓기하고 알을 낳은 뒤에 죽습니다. 몸에서 연가시가 빠져나간 숙주는 양분을 거의 모두 빼앗겨 곧 죽게 됩니다.

주로 절지동물을 숙주로 삼지만 거미 몸에서는 아직 관찰된 적이 없습니다. 다만 연가시와 비슷하게 생긴 선형동물문 곤충살이긴선충목 한 종이 거미 몸에서 나오는 것을 본 적은 있습니다. 강원 원주 귀래면 백운산에서 채집한 어린 게거미 종류에서 나왔는데 그 거미는 영양분을 모두 빼앗겨 홀쭉한 상태로 곧 죽었습니다. 곤충살이긴선충도 유체 때에는 곤충 같은 절지동물 몸속에서 살다가 성체가 되면 빠져나와 물속 생활을 합니다.

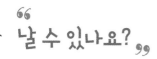

거미는 날개가 없지만 하늘을 날 수 있습니다. 거미줄을 이용해 바람을 타고 이동하며 이를 유사비행이라고 합니다. 유사비행에는 3가지 방법이 있습니다.

첫 번째는 거미 무리 가운데 진화 단계가 비교적 낮은 원실젖거미 무리가 쓰는 방법으로 유체 시기에 나뭇가지 같은 곳에 거미줄을 붙여 안전실을 점점 길게 드리우다가 바람이 불어 거미줄이 끊어지면 줄을 타고 바람에 따라 이동하다가 안착합니다.

두 번째는 새실젖거미 무리 일부가 쓰는 방법으로 안전실을 타고 내려와 동그란 매듭 모양으로 거미줄을 만들어 바람을 타고 날아갑니다.

세 번째는 새실젖거미 무리 대부분이 선택하는 방법으로 알이 있던 은신처를 떠나 높은 곳으로 이동해 실젖을 하늘로 향하고 있다가 바람이 불면 거미줄을 분사해 바람을 탑니다.

사방이 막힌 아파트나 건물 안에서도 거미를 볼 수 있는 것도 이처럼 거미가 바람과 거미줄을 이용해 날아들었기 때문입니다.

무당거미 새끼들이 유사비행으로 분산하는 모습을 관찰한 적이 있습니다. 5월 중순에 알에서 깨어난 새끼들은 처음에는 선홍색이었다가 며

칠이 지나니 갈색을 띠었습니다. 알집에서 나온 모든 새끼는 분산하려고 군집을 이룹니다. 일부 선발대가 나뭇가지나 기둥을 타고 올라가면서 거미줄을 늘어뜨리면 후발대가 그 거미줄을 타고 위로 올라갔습니다. 한 번에 높은 곳까지 올라가지 못하기 때문에 여러 번 무리 지어 오

안전실을 내면서 아래쪽으로 내려오는 들풀거미 수컷 아성체

안전실을 몇 가닥 내고 아래쪽으로 내려오는 먹닷거미 암컷

갓 부화한 무당거미 새끼들

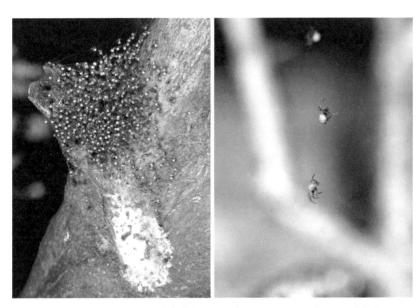

유사비행을 하려고 무리 짓는 무당거미 새끼들　　더 높은 곳으로 이동하는 무당거미 새끼들

르기를 반복했습니다.

무리 지은 새끼들은 위협을 느끼자 사방으로 퍼져 나갔습니다. 어떤 녀석들은 거미줄을 타고 올라가기도 하고, 어떤 녀석들은 안전실을 내어 밑으로 떨어지기도 했지만 어느 정도 시간이 흐르고 안전하다 싶었는지 다시 한 곳으로 모였습니다.

오사키 시게요시라는 일본 연구자는 유사비행을 하려고 부리를 짓던 어떤 종의 새끼들을 막대기로 휘저었습니다. 그러자 새끼들이 거미줄을 타고 아래로 떨어졌는데 신기하게도 끝에서 두 번째에 있던 새끼가 위쪽으로 바로 올라가지 않고 맨 밑에 있던 동료를 구하려고 내려갔습니다. 즉 마지막 새끼를 자기 위로 끌어올려 위치를 바꾼 다음 그 거미를 따라 올라가는 우애를 발휘했답니다.

얼마나 멀리 뛸 수 있나요?

　　한 곳에 자리 잡고 사는 정주성 거미는 비교적 몸이 무거워서 그다지 멀리 뛰지 못합니다. 반면 돌아다니며 사는 배회성 거미는 멀리 뛸 수 있습니다. 그중에서도 시력이 가장 좋고 배가 작으며, 다리는 짧고 강한 깡충거미가 가장 멀리 뜁니다.

　　깡충거미는 보통 평지에서는 걷지만 아래나 위로 이동을 할 때는 뛰어내리거나 뛰어오릅니다. 10㎜ 안팎 크기인 거미가 보통 100~300㎜를 뛸 수 있으니 몸길이보다 10~30배가 넘는 거리를 뛰는 셈입니다. 실내에서 큰흰눈썹깡충거미 암컷으로 실험해 보니 몸길이가 12~14㎜인데 90~100㎜를 뛰었습니다.

　　그렇다면 가장 빠른 거미는 누구일까요? 아직 많은 종을 조사하지는 못했지만 늑대거미과 한 종은 10초 동안에 몸길이의 약 330배나 되는 거리를 달렸습니다.

나뭇가지에서 돌아다니는 큰흰눈썹깡충거미

앞다리를 치켜들고 경계하는 청띠깡충거미

" 높은 곳에서 떨어지면
어떻게 되나요? "

정주성 거미는 거미그물을 치고 먹이를 사냥하기 때문에 항상 안전실을 매달고 이동합니다. 새 같은 천적에게서 공격을 받을 때도 거미그물을 타고 재빨리 이동합니다. 허브(바퀴통, 거미그물의 가운데 부분)에 안전실을 매달고 땅으로 떨어지거나 은신처와 허브를 잇는 일종의 비밀 통로가 있으면 그리로 재빠르게 이동해 은신처에 숨습니다.

안전실이 끊어지는 경우는 거의 없지만 만일 끊어지면 죽을 수도 있습니다. 한번은 무당거미 암컷을 채집하다가 실수로 안전실을 끊었더니 무당거

허브에 안전실을 매단 무당거미 암컷

안전실을 타고 내려오는 산왕거미 암컷

미가 땅에 떨어져 배가 터져 죽었습니다. 120㎝ 정도로 그리 높지 않았는데도 말입니다.

배회성 거미인 깡충거미는 역시 안전실을 이용해 높은 곳에서 아래로 내려오거나 건물 벽이나 나무 기둥, 나뭇잎 사이를 오간다고 합니다.

일본 연구자 오사키 시게요시는 안전실이 목숨을 구한다는 믿음이 없으면 거미는 안심하고 공중생활을 하지 못할 거라 말하면서 정주성 거미의 안전실 세기는 거미 몸무게의 약 2배에 달한다고 했습니다. 그러면서 이러한 거미의 안전율 제2법칙을 케이블, 밧줄, 엘리베이터, 다리 등에도 적용할 수 있다고 덧붙였습니다.

" 헤엄칠 수 있나요? "

　　우리나라 거미 가운데 일생을 물속에서 생활하는 거미는 물거미뿐입니다. 물거미라면 수영을 할 수 있을 것 같지만 못합니다. 물거미도 물속에서는 물풀이나 자기가 쳐 놓은 거미줄을 타고 다닙니다. 간혹 물풀도 거미줄도 없을 때는 다리를 허우적거리며 이동하기도 하는데 이동거리가 매우 짧아 수영한다고 보기는 어렵습니다.

　　그렇다면 잠수할 수 있는 거미는 있을까요? 물가에 사는 여러 종은 잠수할 수 있습니다. 그렇다고 물속으로 뛰어드는 것은 아니며, 위험을 느낄 때 바위나 풀줄기를 타고 물속으로 기어 들어갑니다. 주로 물가 바위 밑이나 동굴 속에 사는 줄닷거미, 황닷거미는 바위를 타고 물속으로 들어가며, 저수지, 습지 주변에 사는 늑대거미과 어리별늑대거미는 풀줄기를 타고 들어갑니다.

　　한편 물 위를 걷는 종도 있습니다. 정주성 거미는 몸이 무겁고 발끝마디에 끝털다발이 없기 때문에 불가능하지만 배회성 거미 중에서 발끝마디에 끝털다발이 수십에서 수백 개 있는 황산적늑대거미나 황닷거미 등은 소금쟁이처럼 물 위를 걸을 수 있습니다. 끝털다발이 수면장력을 깨트리지 않도록 돕기 때문입니다.

배에 알집을 매달고 물 위에 떠 있는 늑대거미류

물 위에 떠 있는 흰눈썹깡충거미 수컷

물풀을 타고 이동하는 물거미 수컷

먹이를 찾는 물거미

공기주머니로 들어가는 물거미

물 위를 걷거나 잠수할 수 있는
황닷거미 암컷

"무엇을 먹고사나요?"

거미는 살아 있는 먹이만 먹습니다. 영국의 로브너라는 연구자가 늑대거미 중에서 죽은 곤충을 먹는 종을 확인한 적이 있지만 매우 드문 일입니다. 대개 육식성으로 작은 곤충을 먹으며 같은 거미를 잡아먹는 종도 있습니다. 청띠깡충거미, 게꼬마거미, 검정미진거미는 주로 개미를 잡아먹고, 새똥거미 종류는 주로 모기를 잡아먹습니다.

지금까지 알려진 바로는 딱 1종, 채식하는 거미도 있습니다. 미국 애리조나 대학의 생물학자인 크리스토퍼 미헌이 멕시코와 코스타리카 열대 지역을 조사하다가 덤불 속에서 발견한 바기라 키플린지*Bagheera kiplingi*입니다.

이 종은 개미 애벌레나 작은 동물도 잡아먹지만 콩과 아카시아나무 속의 한 나무에서 분비되는 꿀과 꽃가루, 단백질과 지방이 풍부한 벨트체*beltian body*를 먹습니다. 개미는 초식동물이 이 나무를 공격하지 못하도록 보호해 주는 대신 꿀, 꽃가루, 잎 끝부분에 매달린 벨트체를 얻어먹는데, 개미가 자리를 비운 사이 바기라 키플린지가 이 벨트체를 물고 도망가서 먹는 것을 확인한 것입니다. 바기라 키플린지가 환경에 적응하며 생존하고자 식성까지 바꾼 것으로 보입니다.

한번은 거미가 개구리도 먹느냐는 질문을 받은 적이 있습니다. 줄닷거미나 황닷거미, 농발거미처럼 큰 거미라면 알에서 갓 깨어난 청개구리를 잡아먹을 수도 있습니다. 그러나 청개구리가 다 자라면 상황이 뒤바뀌지요. 그런데 다 자란 청개구리라도 큰 거미의 거미그물에 걸린다면 빠져나오지 못합니다.

하루살이를 잡은 개미거미류

노린재를 잡은 말꼬마거미

거미그물에 걸린 청개구리

“ 거미끼리
잡아먹기도 하나요? ”

　해방거미 종류와 창거미는 다른 종의 거미그물에 몰래 침입해 주
인을 잡아먹습니다. 특히 창거미는 꼬마거미과, 접시거미과, 유령거미
과 종을 잡아먹습니다.

　암컷 무당거미가 다른 암컷 무당거미를 잡아먹는 장면을 본 적이 있
습니다. 흔치 않은 일이어서 좀 더 확인해 보려고 무당거미 암컷을 잡아
다른 무당거미 암컷의 거미그물에 던져 넣어 보았습니다. 그러나 거미
그물 주인이나 침입자나 서로 놀라 도망가기 바빴습니다.

게거미류를 먹는
검은날개무늬깡충거미

수컷을 잡아먹는
암컷 갈거미과 한 종

범게거미속 한 종을 잡아먹는
참게거미속 한 종

먹지 않고도
살 수 있나요?

거미를 작은 채집병 안에 넣어 두면 대부분 며칠을 버티지 못하고 죽습니다. 길어도 일주일 정도밖에 살지 못합니다. 종에 상관없이 대다수 거미가 물을 먹지 못하면 더 빨리 죽습니다. 거미가 생명을 유지하는 데도 수분이 매우 중요하다는 점을 알 수 있습니다. 거미가 아무 것도 먹지 않고 버티는 기간에 대한 연구나 문헌은 없지만, 아롱가죽거미가 아무것도 먹지 않고 349일 동안 살았다는 기록은 있습니다.

먹잇감을 찾는 아롱가죽거미

" 먹잇감을
저축하기도 하나요? "

　　무당거미가 거미그물에 걸린 잠자리를 잡아먹는 과정을 살폈습니다. 거미그물에 잠자리 한 마리가 걸리니 허브에 머무르던 암컷이 재빨리 다가가 순식간에 거미줄 수십 가닥을 내어 잠자리를 둘둘 말았습니다. 그러더니 잠자리 몸에 엄니를 꽂아 독을 주입하고 15초 정도 기다린 다음 다시 거미줄을 내어 갈무리했습니다. 그 뒤에 잠자리가 걸린 거미그물 주변을 입으로 잘라 내고(약 50초 걸림), 점액성 거미줄을 분비해 갈무리한 잠자리를 매달고 머무르던 허브 쪽으로 돌아갔습니다(약 5분 걸림).

　　잠자리가 있던 자리에는 길이 12~13㎝, 너비는 6~7㎝에 이르는 큰 구멍이 생겼습니다. 허브로 이동한 무당거미는 한 쪽에 잠자리를 매달아 놓았습니다. 그때 마침 배추흰나비가 거미그물에 또 걸리자 무당거미는 앞서와 똑같이 배추흰나비를 갈무리해 잠자리가 매달린 허브 옆에 매달아 놓았습니다.

　　무당거미는 먹이그물을 치고 먹잇감을 기다리며 지내기 때문에 기회가 올 때마다 이런 식으로 먹이를 저장하는 듯합니다. 하지만 모든 거미가 먹이를 저장한다고 볼 수는 없습니다.

74

잠자리를 잡는 무당거미 잠자리를 잡은 뒤 다시 메뚜기를 잡는 긴호랑거미

긴호랑거미에게 잡힌 잠자리 꽃게거미에게 잡힌 등에류

무당거미 암컷 거미그물에 수컷이 방문하는 시기는 7월 말에서 8월 초입니다. 8월 20일에 조사해 보니 관찰한 수컷 17마리는 모두 성체인데, 암컷은 83마리 가운데 1마리만 성체였습니다. 무당거미는 암컷보다는 수컷이 먼저 성숙하며 암컷이 분비하는 성 페로몬에 이끌려 수컷이 암컷의 거미그물로 오는 것 같습니다.

성숙한 수컷이어도 미성숙한 암컷보다 몸집이 작기 때문에 언제 잡아먹힐지 모릅니다. 수컷은 암컷과 적당한 거리를 유지하거나 거미그물 반대편에 자리 잡으며 암컷의 공격을 피합니다. 특히 암컷이 오랫동안 굶주렸을 때는 더 조심해야 합니다.

처지는 이렇지만 수컷도 먹이를 먹어야 합니다. 허기가 지면 암컷이 먹고 남긴 찌꺼기를 먹거나 하루살이나 깔따구 같은 작은 곤충을 얻어 먹습니다. 그마저도 여의치 않으면 암컷 거미그물 일부를 잘라 먹기도 합니다.

수컷이 암컷 거미그물을 방문한 목적은 번식이기 때문에 따로 거미그물을 치지는 않습니다. 그저 식객 노릇을 하면서 짝짓기 순간을 기다리고 또 기다립니다.

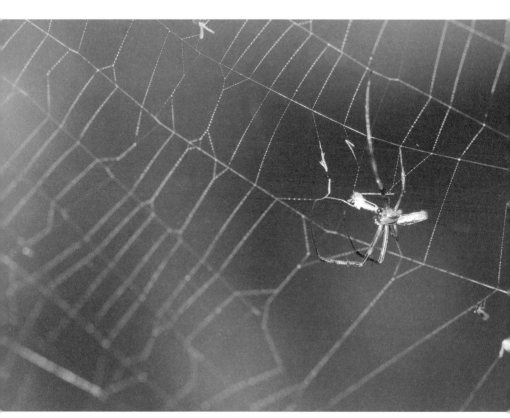

암컷 거미그물에 걸린 작은 곤충을 먹는 무당거미 수컷

" 한 번에
알을 몇 개 낳나요? "

　　알을 낳는 개수는 지역과 먹이 환경, 발육 정도, 산란 횟수 등에 따라 다릅니다. 또한 알 낳는 개수를 조사한 종도 많지 않습니다. 여기서는 제가 직접 관찰했던 종에 국한해 소개합니다.

　　물거미를 실내에서 기르며 살펴보니 알을 50개 내외 낳았습니다(1996. 6. 26). 주홍거미는 땅속에 T자 터널 같은 집을 짓고 살며 그 안을 들여다보니 새끼 98마리가 있었습니다(2005. 8. 25~30). 그밖에 손짓거미는 25개 내외(2006. 6. 30), 들풀거미 136개(2005. 10. 31), 아기늪서성거미 112개, 140개, 181개 등 100~200개(2007. 6. 8~13), 말꼬마거미 462개(2007. 6. 7), 반달꼬마거미 119개, 164개(2003. 8. 2), 비늘갈거미 43~48개(2003. 8. 2), 무당거미 499개(2005. 10. 25), 흰눈썹깡충거미 15개(2007. 6. 17), 검은날개무늬깡충거미 75개, 175개(2007. 6. 14.), 집왕거미 160개(2007. 7. 15), 지이어리왕거미 160개(2007. 8. 18), 기생왕거미 331개(2007. 8. 2), 여덟혹먼지거미 400개(2007. 7. 9), 139개(2007. 8. 4), 산왕거미 684개(2007. 8. 20)였습니다.

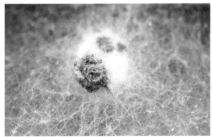

원반 모양인 무당거미 알집

작은 공 모양인 가랑잎꼬마거미 알집

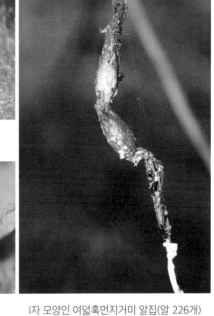

I자 모양인 여덟혹먼지거미 알집(알 226개)

산왕거미 알집

갓 부화한 삼각점연두꼬마거미
새끼(38마리)와 어미

많은 종이 알을 낳을 때 독특한 모양으로 알집을 만듭니다. 보통 길쭉한 모양, 원반 모양, 공 모양, 단지 모양, 불규칙한 다각형으로 나눠 볼 수 있습니다.

꼬리거미 알집은 긴 곤봉 모양으로 거미그물에 붙어 있습니다. 손짓거미와 여덟혹먼지거미 알집은 긴 전대 모양입니다. 불개미거미는 나뭇잎을 오므려 거미줄을 붙이고 은신처를 만든 뒤에 그 안에 원반 모양 알집을 만듭니다. 대륙납거미는 차일 모양으로 은신처를 만들고 그 안에 원반 모양 알집을 만들며 암컷이 알을 보호합니다.

노랑염낭거미와 애어리염낭거미는 벼과 식물을 말아 거미줄로 입구와 출구를 막은 뒤, 그 안에 원반 모양 알집을 만듭니다. 무당거미와 산왕거미는 좀 더 두툼하거나 길쭉한 원반 모양으로 만들며 푹신한 거미줄로 알집을 덮습니다. 집왕거미와 기생왕거미는 은신처 안에 원반 모양 알집을 만들고 근처에서 지킵니다.

물거미는 물속에 공기주머니를 만들고 그 안에 알을 낳으며, 별늑대거미, 황산적늑대거미, 뇌가시늑대거미는 동그란 알집을 배 밑에 달고 다닙니다. 아기늪서성거미와 집유령거미는 동그란 알집을 위턱으로 물고 다닙니다. 말꼬마거미는 공 모양 알집 1~5개를 거미그물에 걸어놓습니다.

종꼬마거미, 왜종꼬마거미는 거미그물 가운데에 모래나 흙으로 종 모양 구조물을 만들고 그 안에 동그란 알집을 만듭니다. 점박이꼬마거미는 거미그물 가운데에 낙엽 한 장으로 은신처를 만들고 그 안에 동그란

노랑염낭거미 알집(산실)

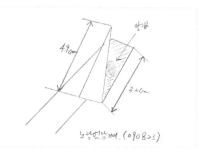

노랑염낭거미 알집 그림(2009. 8. 23)

새끼를 보호하는 노랑염낭거미 어미

낙엽 속에서 새끼를 보호하는 말꼬마거미 암컷

항아리 모양인 긴호랑거미 알집

불규칙한 다각형인 큰새똥거미 알집

알집을 만듭니다.

그밖에 긴호랑거미 알집은 갈색 항아리 모양으로 처마 밑이나 바위 밑 등에서 보이며, 꼬마호랑거미는 갈색 다각형 알집을 만들고, 큰새똥거미는 나뭇잎 밑에 둥그스름한 다각형 알집을 1~3개 매달아 둡니다.

입으로 알집을 물고 다니며 보호하는 먹닷거미 암컷

앞다리로 알집을 들고 가는 살별꼬마거미 암컷(알 18개)

모성애가 강한 거미도 있나요?

모성애가 강한 대표 거미로 무당거미를 들 수 있습니다. 늦가을 저녁에 알을 낳는 무당거미 암컷은 먼저 거미줄을 좌우로 겹쳐 덧대며 2~3시간에 걸쳐 알집 바닥을 만듭니다. 그런 뒤 5분도 안 걸려 알을 낳고는 그 위를 덮는 작업을 이어 갑니다. 알 덩이를 완벽하게 덮으면 알집 주변의 나무껍질을 물어뜯어서 실로 3~5회 둘둘 말아 알주머니에 단단히 붙입니다. 이 과정을 모두 마무리 지으면 아침 해가 밝아 오며, 통통했던 배는 홀쭉해집니다. 여기에서 끝이 아닙니다. 암컷은 알집 위에 버티고 서서 죽는 순간까지 알집을 지킵니다.

심지어 새끼들에게 몸을 내어 주는 거미도 있습니다. 애어리염낭거미 암컷은 벼과 식물 잎을 동그랗게 말아 입구와 출구를 거미줄로 막은 다음 그 안에 알을 낳고, 깨어난 새끼들과 같이 겨울을 납니다. 새끼들은 몸속에 있던 영양분으로 길고 긴 겨울을 버티지만, 영양분이 떨어지면 어미를 먹으며 버팁니다.

다른 종에서도 새끼를 정성스럽게 보호하는 행동을 볼 수 있습니다. 아기늪서성거미는 동그란 알집을 만들어 엄니로 물고 다니면서 보호합니다. 별늑대거미를 비롯한 늑대거미류 암컷은 동그란 알집을 배 밑에 달고 다니며 행여 떨어질세라 무척이나 신경을 많이 씁니다. 실수로 알집을 떨어트리면 재빨리 찾아 다시 매답니다. 알에서 깨어난 새끼들은 어미의 다리를 타고 배 위쪽으로 올라갑니다. 갓 깨어난 새끼는 먹이사냥이 서툴 뿐 아니라 천적에게 쉽게 잡아먹힐 수 있기 때문에 어미가 보호합니다.

늑대거미류의 이런 행동에 관한 파브르의 재미있는 관찰 기록이 있습니다. 파브르는 새끼들을 업은 암컷 두 마리를 밀폐된 통에 넣었습니다. 얼마 지나지 않아 두 암컷은 격렬하게 싸웠고, 결국 한 마리는 다른 한 마리에게 잡아먹혔습니다. 파브르는 싸움에서 이긴 암컷이 다른 암컷의 새끼들까지 잡아먹을 것이라 생각했습니다. 그런데 의외로 남은 암컷이 상대의 새끼들을 잡아먹지 않고 등 위에 올려 자기 새끼들과 함께 돌봐주었습니다.

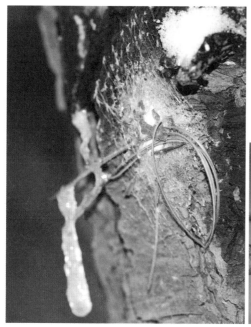

이물질을 붙여 위장한 무당거미 알집

삶을 다할 때까지 알을 지키는 무당거미 암컷

배 밑에 알집을 달고 다니는 늑대거미류

새끼들을 배 위쪽으로 올려 보호하는 늑대거미류

"위장을 하나요?"

거미는 자기가 먹고 남긴 찌꺼기나 허물, 거미줄에 달라붙은 나뭇잎 조각 같은 것을 뭉쳐서 가짜 거미를 만들어 천적을 헷갈리게 합니다. 대만 동해대학 링 챙 박사는 왕거미과 먼지거미속인 사이클로사 물메이넨시*Cyclosa mulmeinensis*가 가짜 거미를 만들어 말벌 공격에서 벗어난 사례를 보고한 적이 있습니다. 이 거미는 곤충 사체나 알 등을 뭉쳐서 몸 크기와 색깔까지 자기와 비슷하도록 모형을 만들어 거미그물 가운데 매달아 놓았답니다.

여덟혹먼지거미, 셋혹먼지거미, 여섯혹먼지거미는 둥근 거미그물 한가운데에 세로로 길게 곤충 사체나 불순물을 늘어놓고 그 가운데에 앉아 숨어 지냅니다. 녹두먼지거미는 거미그물 한가운데에 먹이 찌꺼기, 알주머니 같은 것을 염주 모양으로 길게 매답니다. 이처럼 자신과 비슷한 모형을 만들어 적에게 혼동을 주는 방법을 '의장'이라고 합니다.

'의태'라는 방법을 쓰는 거미도 있습니다. 의태란 똥이나 나뭇가지처럼 자신을 달리 보이게 사물을 흉내 내는 방법입니다. 큰새똥거미와 사마귀게거미는 무늬가 마치 새똥 같아서 먹을거리가 아닌 듯 보입니다.

개미거미류는 개미를 흉내 냅니다. 개미는 작지만 무리 지어 공격하

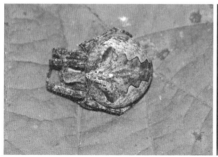

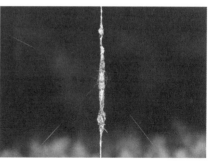

위협을 느끼자 죽은 척하는 산왕거미 암컷　여러 가지 이물질로 위장한 여덟혹먼지거미

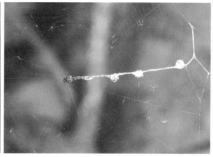

위장한 먼지거미류　염주 모양으로 위장한 먼지거미류

새똥 모양인 사마귀게거미　손짓거미의 의태

면 힘이 막강해서 새들도 꺼리는 곤충입니다. 개미거미류는 개미처럼 위장하고 개미 무리 속에서 생활합니다. 천적 공격을 피해 안전하게 지낼 수도 있고 개미 애벌레를 몰래 잡아먹기까지 하니 안전과 먹이를 동시에 얻는 셈입니다.

그 외에도 부채거미는 나무눈, 손짓거미는 나뭇가지, 꽃게거미, 각시꽃게거미, 살받이게거미는 꽃 색깔, 털게거미, 숲연두게거미, 중국연두게거미는 나뭇잎 색깔, 별늑대거미, 뫼가시늑대거미 같은 늑대거미과 대부분은 주위 환경과 비슷한 색을 띠어 천적이 자기를 찾아내지 못하도록 합니다.

왕거미과 먼지거미속 종은 위협을 느끼면 거미그물에서 안전실을 내고 땅으로 재빠르게 내려와 꼼짝 않고 죽은 척을 합니다. 죽은 동물을 먹지 않는 천적에게 효과가 있는 방법으로 이런 행동을 '의사'라고 합니다.

이 외에도 배에 가시돌기가 6개나 있어서 새들이 쉽게 삼키지 못하는 가시거미, 다리에 가시털이 많아서 천적이 잡아먹기를 꺼리는 가시늑대거미가 있고 모래톱늑대거미, 낯표스라소니거미 등은 좀 더 적극적인 방법으로 위장합니다.

마치 허공에 솔잎이 걸린 것 같은 손짓거미

개미를 닮은 청띠깡충거미

가시 6개로 무장한 가시거미 암컷

억센 가시털로 무장한 낯표스라소니거미

" 어떻게 사냥하나요? "

정주성 거미는 모양이 다양한 거미그물을 만들어 먹이를 잡습니다. 배회성 거미는 거미그물을 치지 않는 대신에 날렵하게 뛰어 먹이를 사냥합니다. 배가 작고 다리는 짧고 강해 가능한 사냥법이지요.

호랑거미 무리는 흰띠를 만듭니다. 이는 마치 꽃이 반사하는 자외선처럼 보여 꿀이나 꽃가루를 좋아하는 곤충을 유인합니다. 여섯뿔가시거미는 나방이 분비하는 페로몬을 흉내 내어 나방 수컷을 유인해 잡아먹습니다. 무당거미는 삼중망으로 거미그물을 만들어 천적의 공격을 피합니다.

X자 흰띠를 친 꼬마호랑거미 암컷

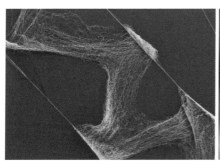

꼬마호랑거미 흰띠 SEM ×102

무당거미가 친 삼중망 거미그물

사냥법이 특이한 거미도 있나요?

　　여섯뿔가시거미의 사냥법이 꽤 독특합니다. 저녁이 되면 나뭇잎 사이에 간단한 거미줄로 지지대를 만들고, 끈끈한 액체 방울이 매달린 (보통 1~5개) 줄도 만듭니다. 그러다가 가까이에서 진동을 느끼면 줄을 빙빙 돌려 날아오는 나방이나 모기가 달라붙게 해 잡아먹습니다. 마치 허공에서 낚시를 하는 듯 말이지요.

　　점액성 방울에 나방 수컷을 부르는 페로몬이 있다는 주장도 있지만 사람이 접근하거나 바람이 불 때도 줄을 돌리고, 나방 수컷뿐만 아니라 암컷도 잡힌다는 의견(성기수)도 있습니다.

　　여섯뿔가시거미는 6~9월에 성체가 보입니다. 낮에는 침엽수가 듬성듬성 섞인 활엽수림에서 나뭇잎 뒤에 숨어 있다가 밤 9시 무렵부터 새벽 1시까지 활동하며, 밤 10시부터 12시 사이에 가장 활발히 움직입니다.

먹이를 잡으려고 거미줄을 돌리는 여섯뿔가시거미(성기수 님 제공)

" 다리가 잘리면
다시 생기나요? "

     거미는 위험 상황에 닥치면 스스로 다리를 잘라 내기도 합니다. 곧 다리가 다시 나오지만 처음에는 정상 다리보다 작고 가냘픕니다. 그 뒤에 허물벗기를 거듭하며 나머지 다리와 비슷해집니다. 그러나 거미가 마지막으로 허물을 벗고 완전히 성숙한 다음에 다리가 잘리면 그때는 재생되지 않습니다.

다리 3개가 없는 무당거미 암컷

새로 재생된 다리
(다른 다리에 비해 작고 색이 연하다)

다리 2개를 잃은 긴호랑거미 암컷

" 비 오는 것을
예측할 수 있나요? "

"거미가 줄을 치면 비가 그친다", "거미가 줄을 치면 날씨가 좋다", "장마 때 거미집 지으면 날 든다", "아침 거미줄에 이슬이 맺히면 날이 든다" 같이 거미가 거미그물을 치는 모습을 보고 날씨를 예측하는 말이 있습니다.

그럴 만합니다. 거미는 기압 변화에 민감하기 때문에 우리보다 앞서 어떤 행동을 하기 때문입니다. 기압이 낮고 습도가 높으면 거미는 활발히 움직일 수가 없고, 반대라면 활동하기에 좋습니다. 따라서 거미의 움직임이 활발해지면 날씨가 맑으리라 예측할 수 있습니다.

비 온 뒤 물방울이 맺힌 각시어리왕거미 거미그물

비 온 뒤 산왕거미 거미그물

그렇다면 비 올 때 거미는 어떻게 비를 피할까요? 깡충거미나 늑대거미 종류 같은 배회성 거미는 토양 틈이나 나뭇잎 뒤, 은신처로 들어갑니다. 거미그물을 치고 생활하는 정주성 거미도 거미그물을 떠나 처마 밑이나 홈이 파인 구조물, 나뭇잎 뒤로 숨는 경우가 많습니다. 한편 무당거미는 비를 피하지 않고 그냥 맞습니다. 대신에 다리를 땅 쪽으로 힘없이 늘어뜨리고 최대한 비 맞는 면적을 줄입니다.

물방울이 맺힌 풀거미류 거미그물

비 맞는 면적을 최소화하려고 다리를 늘어뜨린 무당거미들

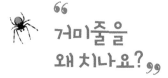

"거미줄을 왜 치나요?"

거미줄이나 거미그물의 주요 기능은 다음과 같습니다.

첫째, 한 가닥이거나 몇 가닥으로 이루어진 간단한 거미줄은 대개 안전실로 씁니다. 또한 원형 그물의 기초가 되는 바깥쪽의 기초실, 새끼 거미가 분산할 때 바람을 타는 줄, 먹잇감을 잡으려고 늘어놓는 설렁줄(납거미류), 높은 곳에서 떨어지거나 이동할 때 이용하는 줄로도 씁니다.

둘째, 쉬거나 숨고 번식해 새끼를 돌보는 은신처를 만들 때 씁니다.

셋째, 일부 종 수컷은 짝짓기 전에 아주 작은 정액그물을 만들고 정액을 뿜은 다음, 이를 더듬이다리 기관으로 빨아들여 암컷 생식기에 주입합니다.

넷째, 거미그물에 먹잇감이 걸리면 싸개막이나 싸개띠로 먹잇감을 감쌀 때 씁니다.

그 외에도 이동하거나 거미그물을 단단히 고정하거나 실 뭉치 모양 부착반을 만들거나 흰띠를 만들 때도 씁니다.

거미줄을 분비하는 샘은 체판샘, 위바깥구역샘, 실샘이 있습니다. 비탈거미과, 잎거미과, 티끌거미과, 주홍거미과 등에는 실젖 앞에 빗긴실이

실샘의 기능 및 작용

실젖 ---------- 실샘 ----------- 기능 및 작용

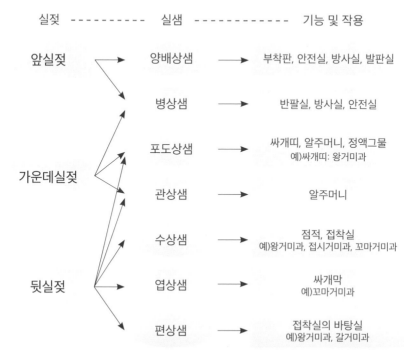

앞실젖 → 양배상샘 → 부착판, 안전실, 방사실, 발판실

병상샘 → 반팔실, 방사실, 안전실

포도상샘 → 싸개띠, 알주머니, 정액그물
예)싸개띠: 왕거미과

가운데실젖 → 관상샘 → 알주머니

수상샘 → 점적, 접착실
예)왕거미과, 접시거미과, 꼬마거미과

뒷실젖 → 엽상샘 → 싸개막
예)꼬마거미과

편상샘 → 접착실의 바탕실
예)왕거미과, 갈거미과

안전실을 잡고 있는
산왕거미 암컷

안전실을 타고 내려오는
산왕거미

큰새똥거미 암컷의 부착반

라는 특수한 실을 만들어 내는 기관인 체판이 있습니다. 위바깥구역샘은 작은 실관으로 구성되며 수컷이 정액주머니를 만드는 데 이용합니다. 대부분 거미에게 있는 실샘에는 양배상샘, 병상샘, 포도상샘, 관상샘, 수상샘, 엽상샘, 편상샘 등이 있으며 저마다 기능 및 작용이 다릅니다.

거미는 종에 따라 실샘 하나 또는 여러 개에서 용도에 맞게 실을 분사합니다. 가 실샘에 액체 상태_{液體 sol}로 들어 있던 물질의 수분이 긴 관에서 이온교환이 이루어지며 제거되고, 조절판을 거쳐 분사되며 응고된 거미줄_{凝固 gel}이 나오게 됩니다.

예를 들어 왕거미과 종의 거미그물에 먹이가 걸리면 액체 상태인 거미줄이 압력을 받아 조절판이 열리면서 포도상샘을 통해 마치 스프레이가 분사되듯 거미줄이 퍼져 나옵니다. 거미는 재빨리 다가가 퍼져 나온 수십에서 수백 가닥 싸개띠로 먹이를 꽁꽁 감쌉니다.

대륙납거미의 신호줄(설렁줄)

무당거미 실젖 SEM ×102

안전실을 내고 거미그물에서 머무는 무당거미

싸개띠를 이용해
먹이를 갈무리하는
산왕거미 암컷

" 거미줄은
어떤 성분으로 이루어지나요? "

외국에 사는 왕거미 아레네우스 다이데매투스*Araneus diadematus*의 거미그물과 알집, 부착반의 주요 성분을 제시한 발표 자료가 있습니다(吉倉眞, 1987). 내용을 살펴보면 거미그물, 알집, 부착반 같은 용도에 따라 주요 아미노산 구성 비율이 다르다는 것을 알 수 있습니다. 기본적으로 거미줄을 구성하는 주요 아미노산은 알라닌이지만, 거미그물에는 글리신, 프롤린, 글루타민산 비율이 높으며, 알집에는 세린, 글루타민산, 글리신 비율이 높고, 부착반에는 글리신, 글루타민산, 세린 비율이 높습니다.

1996년 10~11월에 채취한 무당거미 거미그물을 고려대학교 기초과학센터에 보내 화학적 정성분석을 의뢰한 적이 있습니다. 그 결과 글리신, 알라닌, 트레오닌 같은 아미노산이 거미줄의 주성분이라는 것을 알게 되었습니다. 산왕거미 거미줄도 분석했더니 아미노산 함량에서 무당거미와 조금 차이가 있지만 주요 성분은 비슷했습니다. 이런 성분은 거미줄을 단단하게 합니다.

아미노산 종류	아레네우스 다이테매투스의 거미줄(피브로인)(g/100g)		
	망 전체	알집	부착반
알라닌(alanine)	27.3	25.4	29.3
글루타민산(glutamin acid)	9.1	13.6	15.3
글리신(glycine)	20.1	11.9	24.7
프롤린(proline)	12.8	3.8	4.7
세린(serine)	5.3	18.7	5.3

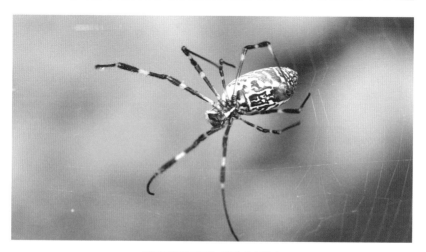

거미그물을 만드는 무당거미 암컷

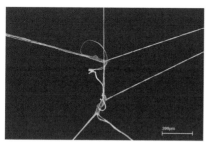

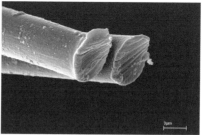

무당거미 외각 기초실 SEM ×2,000 　두 가닥인 무당거미 외각 기초실 SEM ×10,000

거미줄이나 거미그물은 대부분 흰색입니다. 거미줄이나 거미그물은 천적에게든 적에게든 눈에 잘 띄지 않아야 합니다. 그래야 안전하고 먹잇감도 잘 걸려들겠지요. 자연을 지배하는 색은 초록색이고 흰색은 초록색 배경에 묻혀 두드러지지 않기 때문에 거미는 흰 줄을 만듭니다.

그런데 간혹 흰색이 아닌 거미그물을 치는 경우가 있습니다. 지금까지 제가 관찰한 바로는 황금색 거미그물을 치는 무당거미와 형광 빛 도는 파란 거미그물을 치는 부채거미가 있었습니다.

무당거미가 황금색 거미그물을 치는 이유에 대해서는 몇 가지 의견이 있습니다. 짝짓기 시기가 된 암컷의 생리적 변화 때문이라는 주장이 있고, 거미줄에 이중 굴절성이 있어서 빛이 흩어지기 때문이라는 주장도 있습니다. 한편, 미국의 워크와 모레소프라는 연구자는 "태양의 위치를 토대로 방향을 파악하는 곤충을 교란시켜 오히려 거미줄을 향해 날아들게 하는 유인효과가 있다"고 했습니다. 많은 사람이 이 주장을 가장 설득력 있다고 받아들입니다.

흰색을 띤 무당거미 거미그물

황금색을 띤 무당거미 거미그물

" 거미그물에 있는
흰띠는 뭔가요? "

    '흰띠'는 거미그물 가운데에 거미줄이 밀집되어 나타나는 문양으로 '숨은띠'라고도 합니다. 종에 따라 모양이 다르며 모든 거미그물에 흰띠가 있는 것은 아닙니다.

    울도응달거미의 흰띠는 소용돌이 또는 나사 모양이며, 여덟혹먼지거미나 긴호랑거미 성체의 흰띠는 Ⅰ자 모양입니다. 긴호랑거미 유체가 만드는 거미그물에서는 모양이 다르게 나타납니다. 호랑거미, 긴호랑거미, 꼬마호랑거미는 Ⅰ자, V자, ∧자, X자 등 때에 따라 다른 모양을 만듭니다. 꼬마호랑거미는 5개나 만든 것도 보았습니다.

    흰띠 기능에 대해서는 학자마다 의견이 다릅니다. 과거 학자들은 거미그물을 보강해 거미 무게를 지탱하게 하는 역할, 천적에게서 자신을 보호하려는 장치, 주거의 흔적이라고 했습니다.

    그러나 최근 학자들은 수많은 꽃이 꽃가루를 퍼트리고자 자외선을 반사해 꿀벌과 나비 같은 곤충을 유혹하듯이 거미그물에 있는 흰띠가 자외선에 반사되어 꽃을 찾는 곤충을 끌어들인다고 봅니다. 즉 꽃인 줄 알고 찾아오는 곤충을 잡아먹으려고 만든 가짜 꽃 역할을 한다는 의견입니다.

X자 모양 흰띠를 친
꼬마호랑거미 암컷

ㅣ자 모양 흰띠를 친
긴호랑거미 암컷

소용돌이 모양 흰띠를
친 응달거미류

거미그물에 맺힌 이슬을 어떻게 없애나요?

정주성 거미에게 바람과 물방울, 낙엽은 골칫덩이입니다. 이 때문에 거미줄이 끊어지거나 거미그물이 찢어질 수도 있습니다. 그러면 많은 에너지를 들여 다시 거미그물을 쳐야 합니다. 먹이를 사냥해야 하니까요. 만일 태풍이나 장마가 길어져 그물을 손질하지 못하면 거미는 굶을 수밖에 없습니다.

무당거미는 긴 다리로 몸에 묻은 작은 빗방울을 모아 입 쪽으로 옮긴 뒤, 물방울이 커지면 앞쪽 다리로 털어 버립니다. 충남 서산의 중학생이었던 조성민, 최지우 군이 2008년에 〈거미는 거미줄의 아침이슬을 왜 제거할까?〉 라는 주제로 관찰해 발표한 내용을 보면, 기생왕거미는 새총 쏘듯 줄을 튕겨 이슬방울을 털거나 더듬이다리와 첫 번째 다리로 방울을 모은 다음 입으로 빨아들인 뒤 내뱉습니다. 그래도 이슬방울이 떨어지지 않으면 외각 기초실에 이슬을 붙이기도 합니다.

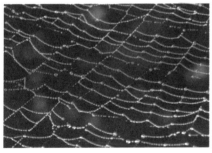

무당거미 거미그물에 맺힌 이슬방울

무당거미 외각 기초실에 맺힌 이슬방울

비 온 뒤 물방울이 맺힌 무당거미 거미그물

물방울을 없애는 무당거미 암컷

물방울을 없애는 긴호랑거미 암컷

거미줄은 얼마나 길고 굵고 튼튼한가요?

　　거미 한 마리가 한 번에 뽑아낼 수 있는 거미줄 길이는 보통 200~300m입니다. 가장 길게 뽑는 경우는 700m에 이릅니다. 참고로 누에가 고치를 만들 때 뽑아내는 고치실 길이는 1,200~1,500m입니다.

　　거미줄 굵기는 어느 정도일까요? 사람 머리카락과 비교해 보면 머리카락이 거미줄보다 13~14.8배 더 굵습니다. 물론 거미 종에 따라 또는 기초실, 안전실 같은 용도에 따라 굵기가 다를 수도 있습니다.

　　보통 섬유 굵기를 나타내는 단위로 데니어denier를 씁니다. 1데니어란 9,000m 길이로 1g이 되는 굵기를 말합니다. 누에고치실은 이 단위로 잴 수 있지만 머리카락이나 거미줄을 9,000m나 채취할 수 없기 때문에 주사전자현미경 150배 정도 배율로 측정합니다. 그 결과 누에고치실은 14.7~15.7㎛, 머리카락은 38.9~40㎛, 산왕거미 기초실은 5.1~5.9㎛였습니다.

　　거미줄이 얼마나 강한지 알아본 실험도 있습니다. 2005년 KBS 환경 스페셜 제작팀이 포항공대 기계공학과에 의뢰해 무당거미 거미줄 인장 강도를 측정했습니다. 8번 실험한 결과는 모두 비슷했습니다. 굵기가 같은 섬유일 때 인장강도가 알루미늄은 4kg/㎟, 티타늄은 90kg/㎟, 신소재 유리섬유는 100kg/㎟, 강철은 40kg/㎟이고 거미줄은 170kg/㎟였습니다. 무당거미 거미줄이 항공기, 자동차, 골프채 등에 쓰이는 신소재 유리섬유보다도 인장강도가 1.7배 높으며, 강철보다는 약 4.25배나 높았습니다.

2008년 KBS 과학카페 제작팀에서도 비슷한 실험을 했습니다. 구리선과 머리카락, 거미줄로 실험한 결과 머리카락은 24.6kg/㎟, 구리선은 25.3kg/㎟, 거미줄은 90.9kg/㎟로, 세 가지가 굵기가 같다면 거미줄은 구리선보다 약 3.6배나 인장강도가 높습니다. 만약에 거미줄을 볼펜 굵기로 만들면 약 7t을 버틸 수 있습니다.

무당거미 거미줄 SEM ×5,000

사람 머리카락 SEM ×2,270

신축력이 뛰어난 거미줄(노래기류가 걸렸다)

거미줄 수명은 얼마나 되나요? "

거미줄 수명에 크게 영향을 미치는 것은 자외선입니다. 태양에서 오는 자외선은 대부분 대기권 오존층에서 흡수하지만, 일부는 오존층을 통과해 지구에 도달합니다. 이 자외선UV-A와 UV-B은 우리 피부를 건조하게 하고 기미, 노화를 일으키며, 심하면 피부암과 화상까지 일으킵니다.

누에실도 자외선에 드러나면 물성이 약해지고 누렇게 변색됩니다. 실크로 만든 옷을 밖에 오래 놓아두면 자외선을 많이 받는 부분부터 탈색되는 것을 볼 수 있습니다. 마찬가지로 거미줄 역시 자외선에 오래 드러나면 강도가 떨어집니다.

오사키 시게요시라는 일본 연구자는 무당거미 거미줄견인줄에 자외선 UV-A를 쬐어 거미줄이 끊어지는 파단응력(외부 힘 때문에 물체가 손상되는 것에 대한 대응력)을 실험했습니다. 예상과는 달리 처음부터 약 22시간까지는 파단응력이 오히려 증가하다가 그 뒤에 급격히 감소했습니다. 또한 무당거미 거미줄을 실내에 두면 3개월이 지나도 파단응력에 변화가 없지만, 야외에서는 매우 짧다는 것을 알게 되었습니다. 그는 "야외에서 무당거미 견인줄의 실제 수명은 낮과 밤, 비가 오거나 흐릴 때 등을 감안해 약 2일"이라고 했습니다.

거미그물의 일부 또는 반을 수리하는 무당거미

" 거미줄은 모두
끈적끈적한가요? "

먼저 거미줄 종류부터 알아보겠습니다. 새보리와 카스톤(Savory & Kaston, 1928)이라는 연구자는 거미줄을 생태학적 용도로 나누었습니다. 안전실, 부착반, 싸개띠, 싸개막, 빗긴실띠, 정액그물로 구분했고, 입체 구조물로는 덫, 알주머니, 은신처로 나누었습니다.

그중 줄 한 가닥인 안전실, 수많은 거미줄로 이루어진 띠나 섬유조직 모양인 싸개띠와 싸개막, 수컷이 정액을 사출하고 더듬이다리로 옮길 때 쓰는 정액그물, 입체구조물인 덫, 알주머니, 은신처를 만드는 거미줄 은 점액성이 없어 끈적끈적하지 않습니다.

반면 끈적끈적한 완전원형그물을 쳐서 먹이를 잡는 대표 정주성 거미 인 산왕거미의 거미줄 치기를 살펴보겠습니다.

큰 원형그물을 만들려면 우선 뼈대가 되는 기초실을 만들어야 합니다. 첫 번째 작업은 점액성이 있는 윗기초실을 바람에 날리는 것입니다. 방사된 거미줄이 바람을 타고 반대편 나무나 건물에 닿는 순간 끈적끈 적한 물질 때문에 접착제처럼 붙게 됩니다.

기초실을 만들면 그 위에 허브를 중심으로 간격을 일정하게 벌려 세

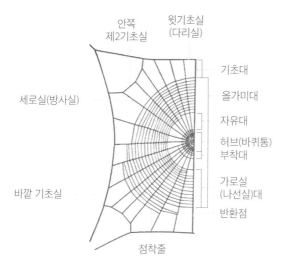

안쪽
제2기초실

윗기초실
(다리실)

기초대

올가미대

자유대

허브(바퀴통)
부착대

가로실
(나선실)대

반환점

세로실(방사실)

바깥 기초실

점착줄

완전원형그물 모식도(Kaston, 1948)

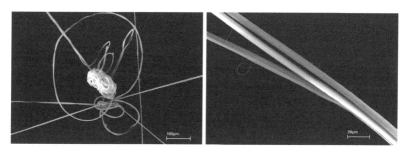

무당거미 거미그물 가운데 일부분 SEM ×319

직선인 무당거미 외각 기초실 SEM ×1,500

무당거미 거미그물 세로실 SEM ×4,420

로실을 칩니다. 바깥 기초실과 세로실은 본격적인 사냥터인 가로실의 뼈대와 이동 통로 역할을 합니다. 그런데 사냥터를 만들기에 앞서 시계 방향으로 발판실을 칩니다. 다리가 아무리 길더라도 단번에 점액성이 있는 가로실을 칠 수 없기 때문에 보조 통로를 만듭니다.

발판실을 다 만든 다음 비로소 좁은 간격으로 가로실을 시계 반대 방향으로 쳐 나갑니다. 조밀하게 진 가로실에는 일정한 간격으로 점액성 방울이 만들어집니다. 이것이 강력한 접착제 역할을 해 어지간한 곤충이나 소형 동물은 잡을 수 있습니다. 종에 따라서는 점액성이 없는 발판실을 거두어들이기도 하나 무당거미는 그냥 내버려 둡니다.

정주성 거미그물의 세로실은 걸려든 동물이 벗어나려 치는 발버둥도 견딜 만큼 강하고, 가로실은 먹잇감이 이리 저리 움직여도 잘 끊어지지 않도록 늘어났다 줄어들었다 하는 인장강력이 셉니다. 게다가 먹잇감이 거미그물의 힘보다 더 강한 날갯짓으로 도망가려 하면 거미그물은 가로실과 세로실이 만나는 곳에서 끊어지도록 설계되어 거미그물 전체가 망가지는 것을 방지합니다.

거미그물을 만들 자리를 탐색하는 산왕거미

바깥 기초실을 먼저 만드는 산왕거미

거미그물 중심인 허브를 만드는 산왕거미

“거미그물은 언제 만드나요?”

　　산왕거미와 집왕거미는 저녁에 거미그물을 다시 칩니다. 어둑어둑해서 사람을 비롯한 여러 생물이 사물을 잘 보지 못하기 때문에 안전한 편입니다. 반대로 무당거미는 아침이나 비 온 뒤, 이슬이 마른 다음에 거미그물을 치거나 수리합니다.

　　정주성 거미는 대부분 위아래로, 즉 지면과 수직이 되게 그물을 칩니다. 본능적으로 방향을 아는 셈이지요.

　　그렇다면 무중력 상태에서도 거미그물을 칠 수 있을까요? 미국 항공우주국NASA은 1973년(2마리, 탈수 증상으로 실패), 2003년(8마리), 2008년(2마리)에 아라네우스 카바티쿠스Aranea cavatica, Barn spider를 우주정거장으로 보내 무중력 상태에서 거미그물을 치는지 실험했습니다. 2마리 가운데 1마리가 어느 정도 모양을 갖춘 거미그물을 쳤습니다. 처음에는 불규칙하게 거미그물을 치다가 차츰 환경에 적응하며 모양을 갖췄습니다.

　　간혹 거미그물은 온전한데 거미가 보이지 않을 때가 있습니다. 거미가 신호실(설렁줄이라고도 함) 한 가닥을 잡고 거미그물 바깥 은신처에서 먹이가 걸려 진동이 전달되기를 기다리는 것이니 거미그물 바깥 기초실을 하나씩 따라가 보면 숨은 거미를 찾을 수 있습니다.

어둠 속에서 거미그물을 치는 기생왕거미 암컷

[❝]거미줄을 먹기도 하나요?[❞]

　　오래된 거미그물은 자외선을 받으면 인장강력이 떨어지고, 흙이나 먼지가 묻으면 끈끈함이 줄어들어 먹이가 걸렸을 때 제 구실을 못합니다. 그러면 거미그물을 수리하거나 다시 쳐야 하는데, 이때 정주성 거미들은 대부분 자기가 친 거미그물을 거두어서 먹어 새 거미그물을 치는 데 재활용합니다.

　　거미 학자인 데이비드 피카르는 낡은 줄을 먹고 재활용하는 데 30분이면 충분하고, 이렇게 만든 거미줄에는 먹었던 그물의 성분이 80~90% 들어 있다는 것을 확인했습니다. 보통 먹이를 먹고 거미줄을 다시 만드는 데 필요한 단백질 합성에 걸리는 시간이 20분이면 충분하다니 먹이를 소화하는 데 20~30분이 걸린다고 볼 수 있습니다.

거미그물을 거두는 꼬리거미 수컷

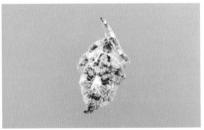

거미그물을 거두는 산왕거미 암컷

부채거미의 삼각 거미그물

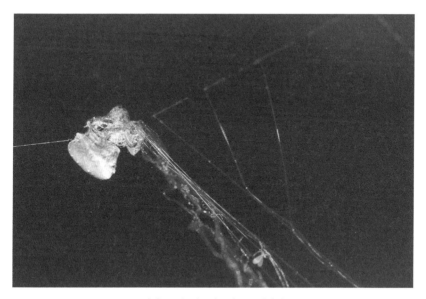

거미그물을 거두어들이는 부채거미

"새는 왜 거미줄을 걸어가나요?"

동박새, 오목눈이, 쇠솔딱새, 쇠개개비 등 여러 새가 둥지를 만들 때 거미줄을 접착제로 씁니다.

2009년 4월 1일 강원 영월 팔괴리에서 오목눈이가 둥지 만드는 것을 보았습니다. 잔가지 3개가 뻗어 나온 곳에 달걀 모양이고 길이 약 15㎝, 너비 12㎝, 두께 1~1.5㎝인 둥지를 만들었습니다. 둥지 주재료는 이끼였고 나뭇잎이나, 잔가지 같은 부재료도 이용했습니다. 거미줄은 바로 이끼와 부재료를 엮어 주는 접착제였습니다.

오목눈이를 비롯해 보통 새는 뱀이나 맹금류가 새끼를 잡아먹지 못하도록 둥지 입구를 작게 만듭니다. 한편 어미가 둥지를 드나들고 새끼들도 먹이를 잘 받아먹어야 하기에 둥지 입구는 작지만 잘 늘어났다가도 다시 잘 오므라들어야 합니다. 거미줄이 필요한 이유입니다. 거미줄은 가볍고 질기며 늘어났다가도 제 모양으로 돌아가는 복원력이 뛰어납니다. 또한 보온과 환기에도 도움이 되니 새에게는 참 유용한 재료입니다.

거미줄과 이끼 등 다양한
재료로 만든 오목눈이 둥지

신축성이 좋은 둥지 입구

거미줄로
옷을 만들 수 있나요?

거미줄을 직물 원료로 이용하고자 했던 사람은 프랑스의 셍띨레르
Bon De Saint Hilaire로, 1709년 양말과 장갑을 짜는 데 성공했습니다. 그러나
거미는 배가 고프면 서로 잡아먹기 때문에 한 마리씩 사육해야 하고, 육
식성 먹이를 공급해야 하므로 산업적 생산이 불가능했습니다.

2009년 9월 미국 뉴욕의 자연사박물관에서는 거미줄로 만든 황금 카
펫을 전시했습니다. 네필라 마쿠라타Nephila maculata라는 종 암컷에서 거
미줄을 뽑아 만들었는데, 완성하기까지 5년이 걸렸고 약 5억 원이 들었
답니다.

2012년에는 영국 런던의 빅토리아앨버트 박물관에서 거미줄로 만든
망토를 전시했습니다. 이 망토는 아프리카 마다가스카르에 사는 네필라
마다가스카리엔시스Nephila madagascariensis라는 거미를 채집했다가 다시 야
생으로 돌려보내기를 반복하며 실을 얻었습니다. 82명이 4년에 걸쳐 수
거한 거미줄로 가로 3.3m, 세로 1.2m인 망토를 만들었고, 이 망토 하나
를 만드느라 거미를 채집한 횟수는 무려 120만 번이었다고 합니다.

이 정도라면 거미로 옷 한 벌 만들 엄두가 나지 않습니다. 그런데 거

미줄로 만든 옷을 입고 생활하는 사람들도 있습니다. 2007년 3월에 중국 윈난 성 쓰바마 시 TV는 윈난 성 밀림 지대인 아이로우 산에서 생활하는 라후족이 거미줄로 만든 옷을 입는 것을 취재해 방송했습니다. 그들은 가난해 옷감을 구할 수 없어서 거미줄 옷을 입게 되었다고 합니다. 투박하고 볼품은 없지만 가볍고 땀 배출이 좋다고 합니다.

게다가 거미줄은 가볍고 튼튼하며 열에 잘 견디고, 방탄조끼 소재인 케블라보다도 탄성률이 5배 정도나 높을 만큼 강도와 유연성이 뛰어나기 때문에 인공으로 거미줄을 만들어 수술용 봉합사, 악기 줄, 인공 인대, 낙하산 줄, 방탄조끼 등에 활용하려는 연구도 활발합니다.

방탄조끼

긴호랑거미 암컷

66
거미줄에 앉은 거미는
왜 머리를 땅 쪽으로 두나요? 99

     새 같은 천적의 공격을 받았을 때 안전실을 뽑아서 빠르게 내려오려는 것입니다. 간혹 거미 책이나 생태사진 전시회에서 보면 거미 머리가 하늘을 향하도록 편집하거나 전시하는 경우가 있는데, 이는 거미 생태를 몰라서 생기는 일입니다.

    다만 예외로 은먼지거미와 장은먼지거미는 머리가 하늘을 향합니다. 2종의 거미그물은 아래쪽보다 위쪽이 더 넓습니다. 위험한 상황이 닥쳤을 때 넓은 위쪽으로 도망치는 게 더 유리하기 때문입니다.

머리를 하늘 방향
으로 두고 있는
은먼지거미

아래에서 본 모습

위에서 본 모습

머리를 땅 쪽으로 향한 기생왕거미

위협을 느끼자 몸을 흔들어 자신의 몸을 보호
하려는 긴호랑거미

" 자기 거미그물에는 안 걸리나요? "

무당거미 거미그물을 살펴보면, 사냥터인 삼중망 가운데 말발굽 모양 거미줄(가로실)에는 끈끈한 성분이 많습니다. 여기에서 좌우로 불규칙하게 퍼지는 거미줄(세로실)이 연결되어 있고 이 줄에는 끈끈한 성분이 없습니다.

무당거미가 자기 거미그물에 걸리지 않는 이유는 쇠스랑처럼 뾰족한 발톱으로 거미줄에 닿는 면적을 최소화하면서 세로실을 타고 다니며, 발끝마디 끝에서 기름 성분이 나와 잘 달라붙지 않기 때문입니다.

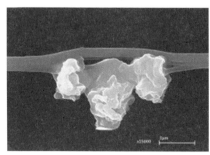

점액성이 있는 무당거미의 가로실

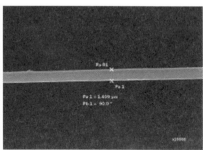

점액성이 없는 무당거미의 세로실

끈끈한 성분이 있는 가로실과 없는 세로실

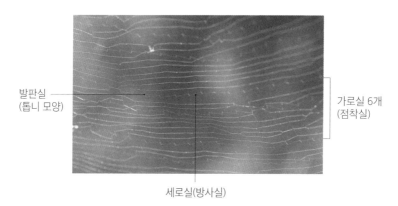

발판실
(톱니 모양)

가로실 6개
(점착실)

세로실(방사실)

무당거미 거미그물의 발판실, 세로실, 가로실

무당거미가 다른 무당거미 암컷을 포획하고 있다.

무당거미 거미그물에 갇힌 갈거미류

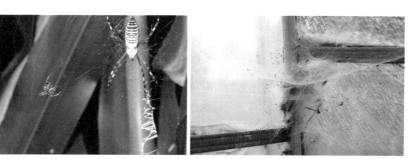

긴호랑거미 암컷 거미그물에 걸린 어린 산왕거미

모양이 복잡한 들풀거미 거미그물

⁶⁶ 장수말벌도 거미그물에 걸리나요? ⁹⁹

한 초등학생에게 이 질문을 받고 저도 궁금해서 실험해 보았습니다.

장수말벌을 핀셋으로 잡아 산왕거미 거미그물에 올려놓으니 도망가려고 날갯짓을 했습니다. 그러자 은신처에 있던 산왕거미가 진동을 느끼고 달려 나왔습니다. 그런데 장수말벌이 더욱 심하게 날갯짓을 하자 산왕거미는 다시 은신처로 돌아갔습니다. 자신이 제압하기에 힘이 센 상대라고 판단한 듯했습니다. 장수말벌은 계속 날갯짓을 했고, 몇 분 뒤에 거미줄을 끊고 날아갔습니다.

거미그물에 걸린 곤충은 벗어나려고 죽을힘을 다해 날갯짓을 하는데, 이때 일어나는 파장은 곤충 종마다 다릅니다. 거미는 그 진동 정도로 먹이의 힘을 판단할 수 있습니다. 곤충이 일으키는 진동 가운데 거미가 가장 좋아하는, 즉 자기가 제압하기 적당하다고 판단하는 파장은 약 200Hz로, 파리가 거미그물에 걸려 파닥(250~300회/초)일 때 발생하는 정도입니다.

그렇다면 거미그물에 나뭇잎이 떨어졌을 때 거미는 어떤 반응을 보일까요? 몹시 굶주린 때라면 은신처에서 재빨리 달려와 나뭇잎을 갈무리합니다. 아마도 너무 배가 고파서 합리적인 판단을 못하는 것 같습니다.

산왕거미 거미그물에 걸린 파리들

무당거미 거미그물에 걸린 나뭇잎

접시거미류 거미그물에 걸린 솔잎과 다른 나뭇잎

그런데 충분히 먹어 배가 부를 때는 아무런 반응도 하지 않습니다. 나뭇잎이 일으킨 진동을 분석해 먹이가 아니라고 판단하는 것으로 보입니다. 거미그물에 떨어진 나뭇잎에 소리굽쇠를 대고 파장을 일으키면 거미가 반응해 간혹 먹이 포획 행동을 보인다는 주장도 있는 것으로 보아 거미 행동에 영향을 주는 것은 파장의 지속성, 일시성으로 보입니다.

한편 거미는 나뭇잎이 떨어졌을 때 그대로 두기도 하지만, 먹이잡이에 방해가 된다고 판단하면 나뭇잎 주위 거미줄을 잘라 땅으로 떨어트립니다.

" 거미를 먹어도 되나요? "

거미는 털이 많고 독이 있어서 먹지 못할 것으로 생각하는 사람이 많지만 일본이나 동남아시아 국가에서는 거미를 먹습니다.

일본에는 다양한 곤충과 거미 요리가 있습니다. 대표적인 것이 '곤충 낫토'로 주재료가 매미와 개미입니다. 거미를 이용한 음식으로는 '거미 달걀 파르시'가 있습니다. 삶은 달걀 반을 잘라 노른자를 빼내고 그 안에 녹인 버터와 생크림을 넣어 섞은 뒤, 소금과 후추로 간을 맞춥니다. 그리고는 튀긴 무당거미를 그 위에 살짝 올려 먹습니다.

동남아시아 국가 중에서는 특히 캄보디아에 거미 요리가 많습니다. 기원을 알 수 없을 만큼 오래 전부터 거미튀김을 먹었습니다. 과격한 크메르 루주 정권 시절에는 삶이 어려워 굶주리는 일이 흔했기에 거미와 곤충을 단백질 보충원으로 더 많이 먹었으리라 추측합니다.

주로 거미에 설탕, 소금, 마늘, 조미료를 뿌려 기름에 튀겨 먹으며 워낙 맛있어 '캄보디아 캐비아'라 부르기도 합니다. 또 살아 있는 거미로 술을 만들어 마시기도 합니다. 캄보디아 사람들은 거미를 먹으면 몸의 통증이 사라지고 호흡곤란 같은 증세가 낫는다고 믿습니다.

캄보디아를 방문했을 때 프놈펜 중앙시장에서 파는 양념 타란툴라를 먹어 보았습니다. 양념한 돼지고기 맛과 비슷했지만 뒷맛이 깔끔하지는 않았습니다. 그곳에서 한동안 지켜보니 남성보다는 여성이, 여성 중에서는 비교적 젊은이가 많이 사 갔습니다. 사는 이유를 물어보니 여성은 주로 피부 미용과 소화 작용에 효과가 있어서, 남성은 주로 정력에 좋아서 즐겨 먹는다고 했습니다.

그렇다면 우리나라에서는 거미를 먹었을까요? 채록이 2건 있습니다. 전남 진도 의신면에 살았던 지인 말에 따르면, 어릴 적 집 주변에서 검고 큰 거미를 잡아 거미줄을 끝까지 뽑아낸 뒤, 더 이상 거미줄이 나오지 않으면 화덕에 구워 먹었답니다. 맛은 구운 메뚜기와 비슷했답니다. 또 전남 완도에 사는 지인 말에 따르면, 5월 초순 모내기 무렵이 되면 거미 알집을 따서 볏짚으로 불을 피우고 구워 먹었답니다. 이런 진술로 보아 과거 우리나라에서도 거미를 구워 먹었던 것으로 보입니다.

무당거미 초밥

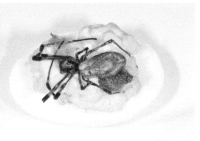

무당거미 파르시

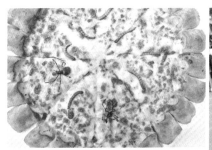

무당거미와 갈색거저리 피자

식용 타란툴라

캄보디아 프놈펜 중앙시장에서 판매하는
식용 거미

" 모든 거미에게
독이 있나요? "

　　전 세계에서 사람을 죽이거나 호흡곤란에 이르게 하는 독거미는 30종 내외로 알려졌습니다. 그러나 독거미에게 물렸더라도 빨리 병원에 가서 해독제를 맞으면 별 문제가 없습니다.

　거미 독 성분에 관해서는 앞서 여러 연구가 있었습니다. 백갑용 선생은 거미 독을 신경독과 혈액독으로 구분했으며, 김주필 박사는 작용에 따라 신경독, 단백질 용해독, 용혈독으로 나누었습니다.

　임문순, 김승태 박사는 거미 독을 4가지로 구분했습니다. (1) 신경을 마비시켜 청력과 시력을 떨어트리고, 이어 중추신경을 마비시켜 근육을 굳게 하며 심한 경우 심장과 호흡을 멎게 해 죽음에 이르게 하는 신경독, (2) 세포 원형질을 구성하는 물질로 생명 현상에 밀접한 단백질을 분해하는 단백질 용해독, (3) 적혈구 막을 파괴해 헤모글로빈이 혈구 밖으로 나오게 하는 용혈현상을 일으키는 혈액독(용혈독), (4) 피부 발진이나 궤양을 일으키거나 피부 조직의 생체 세포나 조직 일부를 죽게 하는 괴사독입니다.

하지만 지금까지 우리나라에서 거미에 물려 죽은 사람은 없습니다. 거미 독은 주요 먹이인 곤충을 마비시킬 정도이기 때문입니다. 몇 해 전 산왕거미 암컷에게 물린 적이 있는데, 주사 맞는 것보다는 덜 아팠으며, 별다른 증상은 없었습니다. 그래도 애어리염낭거미, 한국깔대기거미에 물리면 통증이 심하다니 조심해야 합니다.

우리나라에서 사람이 거미에 물린 공식 기록으로는 2008년 대한피부과학회지에 실린 한국깔대기거미에 물린 사례입니다. 환자는 46세 남자로 왼쪽 두 번째 손가락 위쪽에 독니 자국(3~4㎜)이 2개 있었습니다. 통증을 동반한 홍반성 구진 말고는 이상이 없고 진피 혈관 주위의 염증세포만 확인되었습니다. 먹는 약을 처방받아 먹은 뒤 병변이 없어졌답니다.

무당거미 엄니 SEM ×50

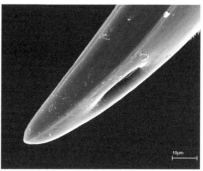

매우 단단하고 뾰족한 엄니 끝에 독이 나오는 작은 구멍이 있다. SEM ×3,000

반면 우리나라에서는 말벌에 쏘여 죽는 경우는 종종 생깁니다. 한번은 말벌 종류인 쌍살벌에 쏘인 적이 있는데, 첫째 날은 쏘인 부위가 벌겋게 부어오르고 통증이 심했으며, 둘째 날은 염증이 생기기 시작했고, 5일째 되는 날은 염증이 터졌습니다. 야외에서는 거미를 신경 쓰기보다 벌을 더 조심해야 합니다.

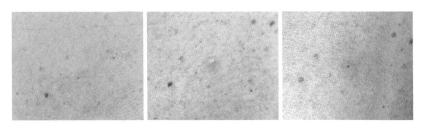

쌍살벌에 쏘인 첫째 날(2013. 7. 20), 둘째 날(7. 21), 다섯째 날(7.24)

66 농사에 도움이 되나요? 99

　　논과 그 주변에 사는 거미는 '논거미'라 하며 165종이 있습니다. 논거미류는 벼를 먹지는 않고 벼멸구, 이화명나방 같은 해충을 잡아먹습니다. 실내에서 하루 동안 거미가 잡아먹는 벼멸구 수를 실험한 결과를 보면, 평균 황산적늑대거미는 2.8마리(아성체일 때는 3.6마리), 각시염낭거미는 1.8마리, 황갈애접시거미는 1.7마리를 잡아먹습니다.

　　벼 품종에 따라 다르지만 볍씨를 심고 수확할 때까지 보통 3~6개월 걸리니 벼가 자라는 동안 거미 한 마리가 해충을 90~180마리 잡아먹는다고 할 수 있습니다. 이런 활약을 하니 수많은 논거미가 벼농사에 큰 도움이 되는 건 당연합니다.

　　거미는 주로 곤충을 잡아먹으니 벼농사뿐만 아니라 여러 작물 농사에도 도움이 됩니다.

벼 해충을 잡아먹는 각시어리왕거미

비파나무에서 해충을 잡아먹는 거미류

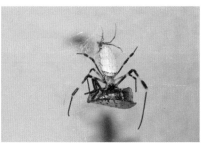

꽃매미를 잡아먹는 무당거미

약으로 쓰기도 하나요?

인류 출현 시기와 약 이용 역사는 같다고 할 정도로 동식물을 약으로 이용한 역사는 깁니다. 거미를 포함한 곤충 같은 경우, 서양에서는 히포크라테스가 황달 및 뇌졸중 치료에 이용했다는 기록이 있고, 한국과 중국을 포함한 동양에서는 『신농본초경』(21종), 『본초강목』(106종), 『동의보감』(95종) 같은 고서에 이용 기록이 많으며, 최근에 나온 『곤충류 약물도감』에는 무려 220여 종이 기록되었습니다.

해독 및 지혈에 쓰는 대륙납거미

산왕거미가 벗어 놓은 허물

그중 약으로 이용한 우리나라 거미로는 왜납거미, 흰수염깡충거미, 대륙풀거미, 집가게거미, 산왕거미, 기생왕거미, 모서리왕거미, 긴호랑거미, 호랑거미, 무당거미 10종입니다.

　왜납거미蟹錢는 칼이나 창 때문에 생긴 상처의 피를 멈추게 할 때와 인후염 치료에 썼으며, 흰수염깡충거미蠅虎는 어혈을 풀어 주고 혈액순환을 개선하는 데 썼습니다. 대륙풀거미草蜘蛛는 종기 제거, 집가게거미家隅蛛는 편도선염과 중풍 예방, 산왕거미·기생왕거미·모서리왕거미蜘蛛는 중풍 및 구완와사 치료에 썼습니다. 긴호랑거미·호랑거미·무당거미花蜘蛛는 부스럼과 뱀이나 지네 같은 독이 있는 동물에 물렸을 때 이용했습니다.

　『곤충류 약물도감』에 따르면 약명이 지주망蜘蛛網인 산왕거미 거미줄을 봄부터 가을까지 수시로 채집해 이물질을 제거하고 감아서 덩어리 상태로 보관했다가 피를 토하거나 창과 칼 때문에 생긴 상처의 치료제로 쓴다고 합니다. 적당한 양을 누렇게 볶아서 환으로 만들어 복용하거나 적당량을 상처에 붙이면 효과가 있으며, 산왕거미 허물을 모아 두었다가 충치 사이에 집어넣으면 치통에 효과가 있다고 합니다.

　요즘에도 거미 독으로 의약품을 만들려는 시도가 많습니다. 미국 조지아 대학 페드로사 박사는 맹독을 지닌 브라질방황거미Phoneutria nigriventer 독에서 추출한 Tx-2라는 독성 물질을 정제해 발기부전이 심한 쥐에 투여했더니 음경조직 혈류가 개선되는 것을 확인했습니다. 또 브라질 상파울로 대학에서는 왕거미류인 파라위시아 비스트리아타Parawixia bistriata의 독이 노인성 치매와 정신착란 치료에 효과가 있는 것을 발견했습니다.

" 거미는 어떻게 기르나요? "

　종이 다양할 뿐만 아니라 종마다 사는 환경이 다르기 때문에 그에 맞는 환경을 꾸며 주어야 합니다. 채집한 종을 가져와 기를 때는 가능한 현장의 환경 조건과 비슷하게 꾸며 주는 게 좋습니다.

　요즘 사람들이 많이 기르는 타란툴라 가운데 성격이 온순하면서 기르기 쉬운 편인 로즈헤어를 예로 사육 방법을 알아보겠습니다.

　우선 플라스틱이나 유리 수조에 기르면 살펴보기 편합니다. 용기 크기는 유체인지 성체인지에 따라 큰 것과 작은 것을 선택합니다. 유체를 기르는데 너무 큰 용기를 사용하면 먹이가 움직이는 공간이 너무 커서 먹이 잡는 데 에너지를 많이 소모합니다. 아성체나 성체가 되어 몸이 커지면 좀 더 큰 용기로 옮기고, 도망가지 못하도록 덮개를 씌웁니다.

　용기 바닥에는 시중에서 파는 발효톱밥을 10㎝ 이상 깔아 줍니다. 그리고는 습도나 냄새를 잡아 줄 숯을 2~3개 넣고, 거미가 숨어 쉴 수 있는 공간과 간단한 놀이목을 넣어 줍니다. 다소 어두워야 안정을 찾으므로 너무 밝은 곳에 놓아두지 않는 게 좋습니다.

　로즈헤어가 지내기에 적당한 온도는 25~30도입니다. 겨울에 따뜻한 실내라면 상관없지만 추운 곳에 놓고 기른다면 전기장판으로 온도를 조

원통형 유체 사육 용기
(자이언트 골덴니)

아성체용 사육 용기(로즈헤어)

성체 사육 용기(로즈헤어)

성체용 사육 용기 세팅

절해 줍니다. 온도가 너무 낮으면 활동량이 줄고 신진대사도 느려져 잘 자라지 못하며, 심하면 죽기도 합니다. 온도보다 습도에는 덜 예민하지만 조금 건조한 조건에서 잘 자랍니다.

물을 먹을 수 있게 작은 물그릇도 넣어 줍니다. 그러나 유체를 기를 때라면 빠져 죽을 수도 있으니 스프레이로 벽면에 물을 뿌려 주는 게 좋습니다.

용기 세팅이 끝나면 거미를 조심스럽게 옮깁니다. 손가락이나 집게로 집으려 하면 거미가 위협을 느끼고 불안해하므로 두 손으로 모래를 모아 담듯 조심스럽게 감싸 올린 뒤 살짝 내려 놓습니다.

용기를 자주 옮기거나 흔들지 말고 가능하면 한 장소에 두어 거미가 안정감을 느끼게 합니다. 먹이는 거미보다 작은 동물을 주며, 먹이로 준 동물이 죽었다면 바로 치워 줍니다. 그리고 거미그물을 치면 절대 건드리지 말고 그대로 둡니다.

성체 기를 때 물 관리

참고문헌

강창수, 김진일, 김학렬, 류재혁, 문명진, 박상옥, 여성문, 이봉희, 이종욱, 이해풍. 1984. 일반곤충학. 정문각. pp631.

과학카페 에니멀싸이언스. 2008. 제1부 슈퍼파워 거미의 비밀. KBS-1TV.

구리바야시 사토시. 1988. 과학앨범 거미의 비밀. 웅진출판사. p53.

구리바야시 사토시. 2008. 곤충의 왕 장수풍뎅이. 오솔길. p25.

김문협, 김낙정, 김윤식, 김원경, 전대서, 최병희, 한계용. 1986. 잠사학개론. 향문사. pp148~154.

김민수. 1997. 우리말 어원사전. 태학사. pp54.

김병우, 김주필. 2010. 한국산 거미목 목록(2010년도 개정), 한국거미 26(2). pp121~165.

김승태. 2003. 푸른아이 32 거미. 웅진닷컴. pp55.

김윤택, 김경호, 김남일, 백수관, 김병인, 배진호, 배미정, 이용철. 2003. 고등학교 생물 Ⅱ. 중앙교육진흥연구소. pp18~43.

김정환. 2004. 곤충관찰도감. 진선출판사. pp30~32.

김주필, 이영보, 장승종, 김미애. 1997. 한국산 무당거미의 거미줄 물성 및 화학적 정량분석에 관한 연구. 한국거미 13(1). pp63~66.

김주필, 이영보, 장승종, 김미애. 1997. 한국산 산왕거미의 거미줄 물성 및 화학적 정량분석에 관한 연구. 한국거미 13(2). pp97~91.

김주필. 1996. 거미줄의 연구. 한국거미연구소. pp147~192.

김주필. 2006. 거미박사 김주필의 거미 이야기. pp150~153.

김주필. 2008. 거미생물학. 도서출판 바이오사이언스. p73/47. pp140~141.

김훈수, 이창언, 노분조. 2003. 동물분류학. 동물분류학회, 집현사. pp168~172.

김훈수, 김용억. 노분조. 원병오. 이병훈. 이한일. 이창언. 최병래. 송준임. 1997. 한국동물명집. 한국동물분류학회. pp77.

메이 베렌바움. 1995. 살아있는 모든 것의 정복자 곤충 인간과 곤충의 유쾌한 계약. 다른세상. pp5~7.

메이 베렌버움. 2008. 벌들의 화두. 효형출판. pp351.

박정규, 김용균, 김길하, 김동순, 박종균, 변봉규. 2013. 곤충학용어집. 한국응용곤충학회. pp154.

박해철. 2006. 딱정벌레. 다른세상. pp559.

배성찬. 2009. 신비한 유혹 타란툴라. 씨밀레북스. pp253.

백갑용. 1978. 한국동식물도감. pp104~105/118~119.

심우장, 김경희, 정숙영, 이홍우, 조선영. 2008. 이야기동물원 설화 속 동물 인간을 말하다. 책과함께. pp323~334.

아서 브이 에번스, 찰스 엘 벨러스. 2002. 딱정벌레의 세계. 까치. pp24~30.

오사키 시게요시. 2006. 거미의 법칙. 바다출판사. pp179.

위르겐 브뤼크 & 페리알 칸바이. 2008. 심심타파 동물 기네스북. 조선북스. pp36.

이상. 2003. 21세기 영웅만화 시리즈 거미영웅1. ILB. pp66.

이상인, 신영준, 동효관, 백승용. 2002. 생물 Ⅰ, 지학사. pp181~185.

이상풍, 박광준, 김계명, 강석권, 송기언, 김호락, 이완주, 성수일, 홍기원, 김영택, 이영근, 유시환, 이용우. 1992. 잠상견학술용어사전. 한국잠사학회. pp80.

이수영. 2004. 우리곤충도감. 예림당. pp19/107.

이영록. 1996. 생물의 역사. 법문사. pp358~259.

이영보. 1998. 경기도 여주지역의 논과 그 주변 거미군집구조의 생태학적 연구. 동국대학교 대학원 석사논문. pp41.

이영보. 2002. 산림생태계 내 지표성 거미류의 분류 및 생태학적 연구. 동국대학교 대학원 박사논문. pp1~4.

이영보. 2006. 물속에 사는 유일한 거미. 물거미. 자연과생태 9·10월호. pp62~67.

이영보. 2012. 실 잣는 사냥꾼 거미. 자연과생태. pp296.

이은, 이인용, 박현정, 이준영, 조백기. 2008. 한국깔대거거미에 의한 거미물림 예. 대한피부과학회지 46(9). pp1266~1269.

이재진. 2004. 과학교과서, 영화에 딴지를 걸다. 푸른숲. pp132~149.

이진원. 2006. 한국산 통거미목(절지동물문: 거미강)의 분류학적 연구. 한국거미연구소. pp157~186.

임문순, 김승태. 1999. 거미의 세계. 거미·거미줄 그리고 인간. 다락원. pp121.

조안 엘리자베스. 2004. 세상에 나쁜 벌레는 없다. 민들레. pp271~297.

조영권. 2006. 주머니 속 곤충도감. 황소걸음. pp390.

최운식. 2007. 종문화사. 다시 떠나는 이야기 여행. 베틀바위. pp436.

최정, 안미영, 이영보, 류강선. 2002. 원색 곤충류약물도감. 신일상사. pp150.

파브르(J. H.). 홍창의 옮김. 1999. 파브르곤충기. 하서. pp307~312.

편집부. 1990. 자연의 신비 36. 중앙교육연구원. pp31.

편집부. 2000. 어린이 논리박사, 파리는 왜 발을 들고 비벼댈까요? 한국교육프로그램개발원. pp125.

편집부. 2003. 곤충(자연학습도감). 은하수미디어. pp164~165.

편집부. 2009. 진화와 행동. 뉴사이언티스트.

편집부. 2013. 추울 때 일어서고 더울 땐 눕고, 몸 온도 지킴이 털. 조선일보.

하영사, 조형일, 이지연, 박성은, 주태영, 문경원, 홍경애, 장우복. 2002. 생물 Ⅱ. 도서출판형설. pp28~29.

학습도감백과 2. 1988. 곤충. 금성출판사. pp69/154.

한국곤충학회. 1994. 한국곤충명집. 건국대학출판부. pp744.

한국민속사전편찬위원회. 2004. 한국민속대사전(한국학 대사전). 한국사전연구사. pp211~213.

한선미. 2014. 청소년을 위한 유쾌한 과학상식. 하늘아래. p122/134~135.

헬렌 테일러. 2001. 파리는 다리로 맛을 느껴요. 교학사. pp19.

환경스페셜. 2005. 눈먼 사냥꾼 거미. KBS-1TV

황재삼. 2012. 국내외 식·약용 및 사료화 곤충산업 발전을 위한 심포지엄 자료집. pp93~123.

Ono et al., 2009. The Spider of Japan. 東海大學出版會. pp738.

Platnick, N. I. 2013. The world spider catalog, version 14.0. American Museum of Natural History.

R. F. Chapman. 2012. The Insects Structure and Function. Cambridge University Press. pp788.

Rainer F. Foelix. 1996. Biology of spider(second edition). Oxford University press. pp41.

Rainer F. Foelix. 2011. Biology of spider(third edition). Oxford University press. pp136-187.

Roger Lincoln, Geoff Bocshall, Paul Clark. 1998. A Dictionary of Ecology, Evolution and Systematics Second Edition. Cambridge University Press. pp60.

內山昭一. 2008. 樂しい 昆蟲料理. ビジえス社. pp245.

Article.joins.com/article/article.asp?total_id=2769243

http://100.daum.net/encyclopedia/view.do?docid=b04d2823a&q

http://100.daum.net/encyclopedia/view.do?docid=b25h0523a

http://100.daum.net/encyclopedia/view.do?docid=b25h1020b

http://100.daum.net/encyclopedia/view/N7792

http://100.daum.net/encyclopedia/view/v210ha322a4

http://article.joins.com/news/article/article.asp?total_id=9032394&cloc=olink|article|default

http://australianmuseum.net.au/redback-spider

http://bbs.movie.daum.net/gaia/do/movie/detail/read?articleId=136011&viewKey=detail&bbsId=review1&searchKey=meta&t__nil_TotalReview=tabName&searchValue=1%3A31480&pageIndex=1&t__nil_TotalReview_total=text

http://bbs.movie.daum.net/gaia/do/movie/menu/star/read?articleId=79735 &bbsId=M002&searchKey=meta&searchValue=1%3A43732&pageIndex=1&t__nil_TotalReview_total=text

http://blog.daum.net/kbrass/15654728

http://blog.daum.net/koa1630/1433

http://blog.daum.net/y017370/8500476

http://blog.naver.com/PostView.nhn?blogId=bnhcorp12&logNo=40117859450

http://blog.naver.com/PostView.nhn?blogId=bty0418&logNo=220274112195

http://blog.naver.com/PostView.nhn?blogId=gomarinepark&logNo=110177631742

http://blog.naver.com/PostView.nhn?blogId=inylsen1&logNo=50180124577

http://blog.naver.com/PostView.nhn?blogId=mainstop2&logNo=60192699013

http://blog.naver.com/PostView.nhn?blogId=nstdaily&logNo=150013431619

http://blog.naver.com/PostView.nhn?blogId=syh285&logNo=220286316804

http://blog.naver.com/PostView.nhn?blogId=trex97&logNo=30176746841&parentCategoryNo=&categoryNo=&viewDate=&isShowPopularPosts=false&from=postView

http://blogs.kormedi.com/3559

http://book.naver.com/bookdb/text_view.nhn?bid=6002344&dencrt=tWUtjCJ%252FXBlP42DRTUG0wd%252FHJhjZ%253%39gkPV%252BwFr2CmuW4%253D&term=%C6%C4%B8%AE+%C6%C4%B8%AE%C0%C7+%B3%AF%B0%B9%C1%FE&query=%ED%8C%8C%EB%A6%AC%EC%9D%98+%EB%82%A0%EA%B0%AF%EC%A7%9

http://cafe.daum.net/mandol25/8Rq0/389?q=%C1%A6%C0%DA%B8%AE%B8%D6%B8%AE%B6%D9%B1%E2%BC%BC%B0%E8%B1%E2%B7%CF&re=1

http://cafe.daum.net/smoothmj/9Fpw/25462?q=%B5%BF%B9%B0%B5%E9%C0%C7%20
  %BE%C6%C0%CC%C5%A5&re=1
http://cafe.daum.net/zzzr/BMyt/1?docid=3850955286&q=%C0%A5%BD%B4%C5%CD&re=1
http://chungrim.com/serial/read.html?num=34&table=serial
http://dic.daum.net
http://dic.daum.net/word/view.do?wordid=kkw000036501&q=%EA%B8%B0%EC%83%9D%EB%
  B2%8C
http://dic.daum.net/word/view.do?wordid=kkw000093355&q=%EB%AC%B4%EC%A4%91%EB%
  A0%A5%EC%83%81%ED%83%9C
http://dic.daum.net/word/view.do?wordid=kkw000142943&q=%EC%84%B1+%ED%8E%98%EB%
  A1%9C%EB%AA%AC
http://dic.daum.net/word/view.do?wordid=kkw000262353&q=%EC%B9%A8%EC%83%98
http://dic.daum.net/word/view.do?wordid=kkw000293308&q=%ED%98%B8%EB%B0%95
http://en.wikipedia.org/wiki/Atrax_robustus
http://en.wikipedia.org/wiki/Bagheera_kiplingi
http://en.wikipedia.org/wiki/Gecko
http://k.daum.net/qna/view.html?category_id=QIC&qid=57jx0&q=%EA%B3%A4%EC%B6%A9%
  EC%82%B4%EC%9D%B4%EA%B8%B4%EC%84%A0%EC%B6%A9&srchid=NKS57jx0
http://k.daum.net/qna/view.html?category_id=QJB&qid=0Bf1j&q =%ED%83%AF%EC%A4%84%
  EC%9D%98%20%EC%A0%95%EC%9D%98
http://k.daum.net/qna/view.html?category_id=QJG&qid=2eHL7&q=%EB%8F%99%EB%AC%BC
  %EB%93%A4%EC%9D%98%20%EC%95%84%EC%9D%B4%ED%81%90&srchid=NKS2e
  HL7
http://k.daum.net/qna/view.html?category_id=QQN&qid=2ckCC&q=%EB%AC%B8%EB%AA%85
  %EC%A7%84%EA%B5%90%EC%88%98&srchid=NKS2ckCC
http://kin.naver.com/open100/db_detail.php?d1id=11&dir_id=110205&eid=UUrzlQCTMJSkMvtZG
  LsgLiCqY5j8L705&qb=sMW5zA
http://kin.naver.com/qna/detail.nhn?d1id=13&dirId=130107&docId=115211699&qb=6rOg7L
  aU7J6g7J6Q66asIOuCoOuptCDssKzrsJTrnowg64Kc64uk&enc=utf8&section=kin&ran
  k=1&search_sort=0&spq=0&pid=Sdp7slpySpZssvBVxcGsssssssV-037346&sid=WStf3/
  UAW0itCmiTNsZPvg%3D%3D
http://kin.naver.com/qna/detail.nhn?d1id=13&dirId=130703&docId=103114501&qb=64+Z66y86rO
  8IOyLneusvOydmCDqsqjsmrjrgpjquLA=&enc=utf8&section=kin&rank=1&search_sort=0&sp
  q=0&pid=RyXEYc5Y7tGsstilLXosssssssuZ-382612&sid=UyumvHJvLB4AABZgGhs
http://ko.wikipedia.org/wiki
http://ko.wikipedia.org/wiki/%EA%BD%83%EB%A7%A4%EB%AF%B8
http://ko.wikipedia.org/wiki/%EB%B0%94%EB%8A%98%EB%91%90%EB%8D%94%EC
  %A7%80

http://ko.wikipedia.org/wiki/%EB%B2%BC%EB%A3%A9#cite_note-1
http://ko.wikipedia.org/wiki/%EB%B2%BC%EB%A3%A9#cite_note-1
http://ko.wikipedia.org/wiki/%EC%97%B0%EA%B0%80%EC%8B%9C
http://ko.wikipedia.org/wiki/%ED%83%80%EB%9E%80%ED%86%A0
http://ko.wikipedia.org/wiki/%ED%97%A4%EB%9D%BC%ED%81%B4%EB%A0%88%EC%8A
%A4%EC%9E%A5%EC%88%98%ED%92%8D%EB%8E%85%EC%9D%B4
http://ko.wikipedia.org/wiki/%ED%98%B8%EB%B0%95_(%ED%99%94%EC%84%9D)
http://media.daum.net/society/nation/others/newsview?newsid=20070628181513388
http://navercast.naver.com/contents.nhn?rid=44&contents_id=32910
http://news.sportsseoul.com/read/worldnews/803086.htm
http://nil.nil.kr/643
http://nownews.seoul.co.kr//news/newsView.php?code=nownews&id=20090708601008&keyword
http://nownews.seoul.co.kr//news/newsView.php?code=nownews&id=20130117601012&keyword
http://photo.media.daum.net/photogallery/foreign/0803_surprise/view.html?photoid=2795&newsid=
20081030141624831&p=seoul
http://redtop.tistory.com/96
http://research.amnh.org/entomology/spiders/catalog/index.html DOI: 10.5531/db.iz.0001.
http://research.amnh.org/iz/spiders/catalog/COUNTS.html
http://search.ytn.co.kr/ytn/view.php?s_mcd
http://terms.naver.com/entry.nhn?cid=200000000&docId=1224298&categoryId=200002581
http://terms.naver.com/entry.nhn?docId=1023135&cid=47316&categoryId=47316
http://terms.naver.com/entry.nhn?docId=1057866&cid=40942&categoryId=32319
http://terms.naver.com/entry.nhn?docId=1154951&cid=40942&categoryId=32319
http://terms.naver.com/entry.nhn?docId=1597276&cid=2925&categoryId=2925&mobile
http://www.amnh.org/exhibitions/past-exhibitions/spiders-alive/about-the-exhibition
http://www.austmus.gov.au/Redback-Spider
http://www.burkemuseum.org/pub/SpiderCuration.pdf
http://www.cancer.go.kr/mbs/cancer/subview.jsp?id=cancer_010102070000#goH12.
http://www.guinnessworldrecords.com/world-records/10000/largest-spider
http://www.hani.co.kr/arti/science_general/316157.html
http://www.ldy3109.com.ne.kr/m305.htm
http://www.newsis.com/ar_detail/view.html?ar_id=NISX20120127_0010312524&cID=10105&p
ID=10100
http://www.newstown.co.kr/news/articleView.html?idxno=112337
http://www.nhm.org/site/explore-exhibits/special-exhibits/spider-pavilion
http://www.nocutnews.co.kr/show.asp?idx=2284172
http://www.onbao.com/news.php?code=&mode=view&num=14057
http://www.sciencedaily.com/releases/2013/09/130916091214.htm

http://www.sciencedaily.com/releases/2013/09/130916091214.htm

http://www.srbsm.co.kr/news/articleView.html?idxno=17689

http://www.topendsports.com/sport/athletics/profiles/ewry-ray.htm

http://www.wired.com/wiredscience/2012/07/spiders-alive-amnh

http://www.wsc.nmbe.ch

http://www.wsc.nmbe.ch/ World Spider Catalog Version 16

https://mirror.enha.kr/wiki/%ED%91%B8%EB%A5%B8%EA%B3%A0%EB%A6%AC%EB%AC
%B8%EC%96%B4

https://www.climate.go.kr:8005/index.html